丸で歯が立たない

円の秘密

深井 文宣

東京図書出版

はじめに

高校生の頃から、円に違和感を覚えていました。出発点は単純な方程式ですが、終着点は三角関数で、その途中に『二階微分方程式』があります。

しかし、途中の論理的な流れが不明なのです。この漠然とした不安感は消えることはなく時間とともに増大する一方でした。

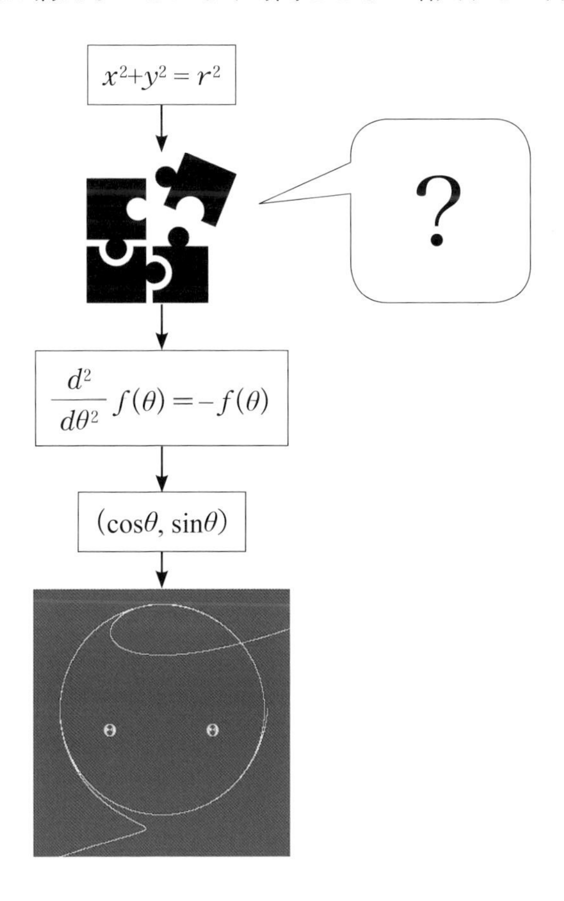

☆論理の流れ方が複雑なのであらかじめ図解します

☆1970年頃には知識はありましたが、作図がなく納得できません

$$\frac{d^2}{d\theta^2}f(\theta)=-f(\theta) \quad \longleftrightarrow \quad f(\theta) = \mathrm{A}\cos\theta+\mathrm{B}\sin\theta$$

☆三角関数の冪級数（ベキキュウスウ）表示の知識はありましたが、作図が不可能で納得できませんでした。

$$\cos\theta=1-\frac{\theta^2}{2!}+\frac{\theta^4}{4!}-\cdots \qquad \sin\theta=\theta-\frac{\theta^3}{3!}+\frac{\theta^5}{5!}-\cdots$$

コンピューターのハードウエア＆ソフトウエアの能力向上待ち

☆2000年以降になって、コンピューターの能力があがりました。

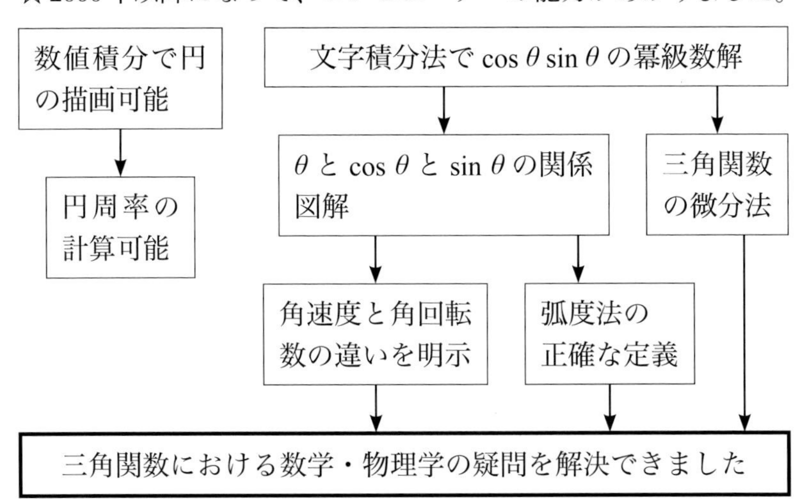

目　次

第１章　数値積分で円形を描く

§1-1　円の方程式から出発

単位円を描く方程式は $x^2+y^2=1$ です。これを平面上の２点で考察します。

半径が１の同一円上に点 $\mathrm{P}(x, y)$ と少し離れた点 $\mathrm{Q}(x+dx, y+dy)$ を取ります。

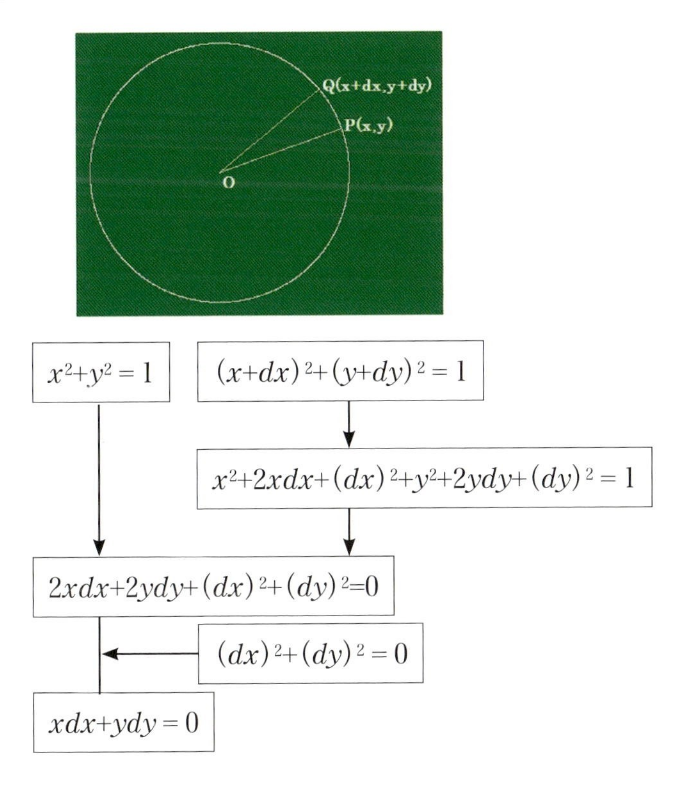

【注目】この式では円を描けません。コンピューターでは次項の式にして数値計算をし、図を描きます。

§1-2　連立微分方程式

コンピューターで円を描くときの式の導き方です。

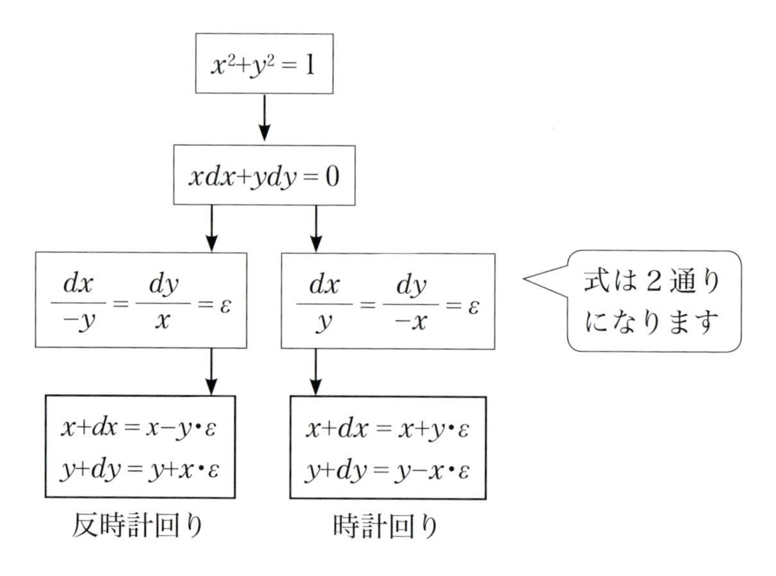

２つの式に従って、この数値積分を実行します。点 (1, 0) を出発点とします。

※確かに円を描くことができます。

§1-3　数値積分法で円を描く

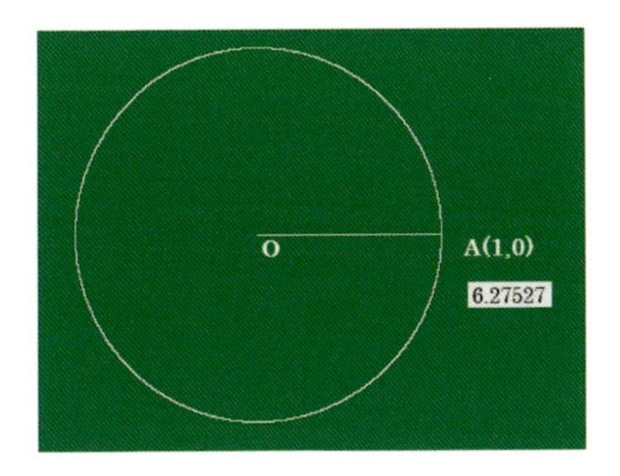

回転するにつれ動点は円の中心から離れます。

一周して $x > 1$ までの動点の道のり s を計算します。

```
Private Sub 円周計算 ()
    hc = 300 : vc = 300
    my 文字 ("O", 0.0, 0.0, Color.White)
    my 文字 ("1", 100.0, 0, Color.White)
    my 文字 ("1", 0.0, 120.0, Color.White)
    my 線描 (-110.0, 0.0, 110.0, 0.0, Color.Gray)
    my 線描 (0.0, -110.0, 0.0, 110.0, Color.Gray)
    Dim x, y, dx, dy, s, q As Double
    Dim k As Long
    x = 1.0 : y = 0.0: s = 0.0 : q = 0.000000001: k = 1
    Do
      If k = 10000000 Then
        my 点描 (x * 100.0, y * 100.0, Color.White): k = 0
      End If
      dx = -q * y : dy = q * x: x = x + dx : y = y + dy
      k = k + 1: s = s + q
    Loop Until x > 1.0
    Label5.Text = Format(s, "#.##########")
End Sub
```

§1-4　円の面積から円周率を計算

単位円の面積はπですから、面積を計算してπを求めます。

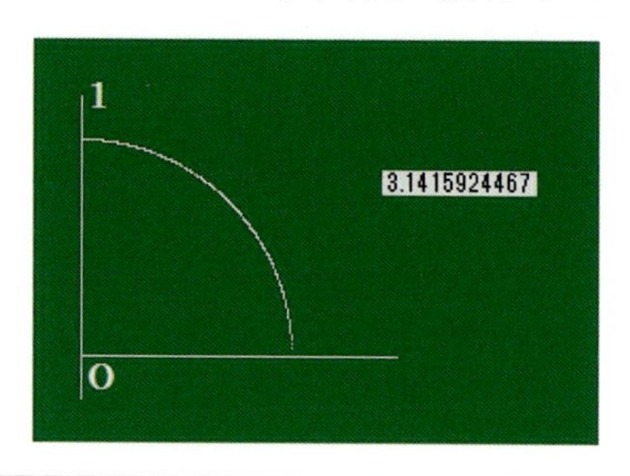


```
Private Sub π計算 ()
    Dim x, y, dx, S As Double
    Dim k As Long
    my 文字 ("1", 12, 100, 170, Color.White)
    my 文字 ("O", 12, 100, 300, Color.White)
    dx = 0.0000000001
    x = 0.0
    k = 0
    S = 0.0
    Do
      If x > (1.0 - dx * 0.5) Then Exit Do
      y = Math.Sqrt(1 - x * x)
      If k = 10000000 Then
        my 点描 (x * 100.0, y * 100.0, Color.White)
        k = 0
      End If
      S = S + y * dx
      x = x + dx
      k = k + 1
    Loop
    Label1.Text = Format(S * 4.0, "#.##########")
End Sub
```

§1-5　単位円の面積計算に違和感

☆例えば単位円で、次のように推論してみます……。

弧 AB（π/2）を n 等分すると底辺が（$\pi/2n$）高さ１の微小三角形ができます。

$$(\text{微小三角形の面積}) = \frac{1}{2}(\text{底辺}: \frac{\pi}{2n}) \times (\text{高さ}:1) = \frac{\pi}{4n}$$

これを n 倍すると円の面積の４分の１の面積が求められ、さらに４倍すれば円の面積です。

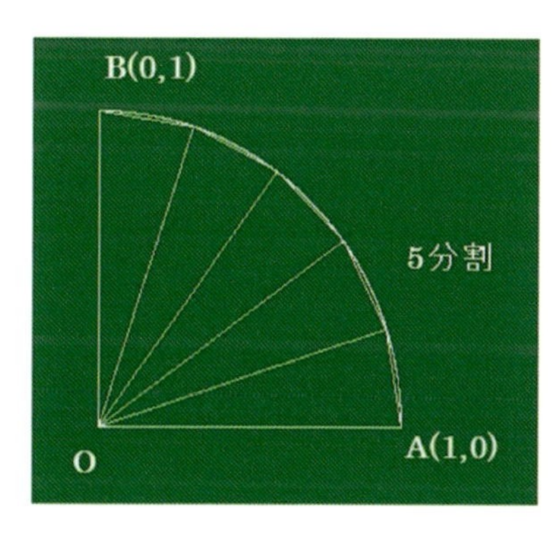

$$\frac{\pi}{4n} \times n \times 4 = \pi$$

☆単位円の面積は前項から π ですから、この推論は正しいのですが、全く計算した気がしません。

☆さらに、半径が r の円なら面積は r^2 倍になります。$S = \pi r^2$

☆次の円の面積を表すという積分の式をみても納得できませんでした。

$$\int_0^{2\pi} \frac{1}{2} r \cdot r d\theta = \left[\frac{1}{2} r^2 \theta\right]_0^{2\pi} = \pi r^2$$

§1-6　切り紙細工による円の面積計算

円の公式でよく知られている証明法は『切り紙細工』です。

円の中心を通る直線で、均等に区分し、上半分と下半分をかみ合わせるように揃えると長方形になります。縦×横ですからπr^2になりますよ……と。筆者の感想は『これが数学？　答と認めてもらえる？』

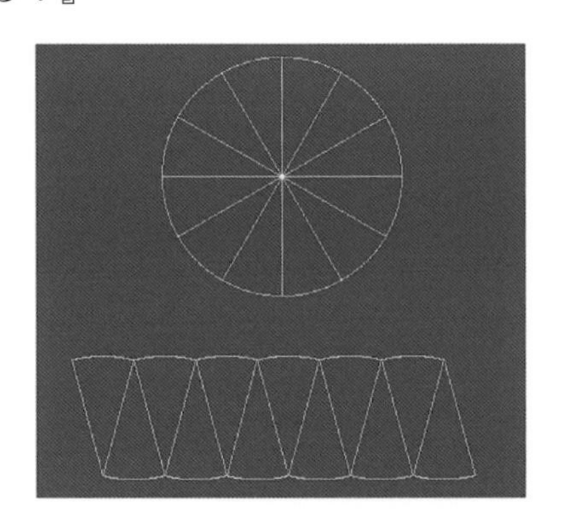

円を12等分していますが、弧の部分は弦に似てきています。長方形ではなく平行四辺形ですが、面積の公式は同一です。

しかし、分割数を増やしていくと、切り紙細工式面積計算法が正しそうだと思えるようになります。

前項やこの項の解説で、「半径rの面積$S = \pi r^2$が示された」と納得している方の割合も多いのです。

しかし、筆者としては次のように思い続けてきました。

『数式で明確に表せる解説が欲しい。微小にして分かりにくくされたり、切り紙細工の証明は嫌だ！』との思いです。

§1-7　点 (cos1, sin1) の実際の値

弧度法のある解説によると、この（cos1, sin1）の値は度数法から得ています。

同時に、弧度法の定義を曖昧にしています。

中心を原点Oとする単位円上の点A(1, 0) から、円周に沿って反時計回りに１移動した点をPとし、∠ AOP ＝1［rad］と定義します。

無記載の理由は、「コンピューターで証明できなかったから」と考えます。

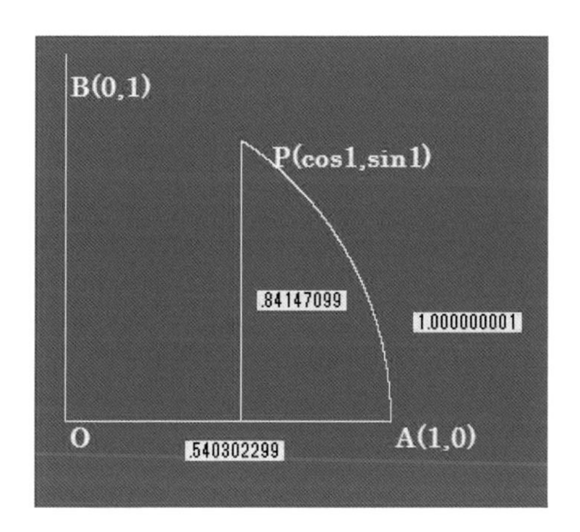

```
Private Sub 弧度法 ()
    my 線描 (0.0, 0.0, 200.0, 0.0, Color.White)
    my 線描 (0.0, 0.0, 0.0, 220.0, Color.White)

    my 文字 ("O", 0, 0, Color.White)
    my 文字 ("B(0,1)", 0, 220, Color.White)
    my 文字 ("A(1,0)", 200, 0, Color.White)

    Dim x, y, dx, dy, s, q As Double
    Dim k As Long
    x = 1.0 : y = 0.00000
    s = 0.0 : q = 0.000000001
    k = 0
    Do
        If k = 10000 Then
          my 点描 (x * 200.0, y * 200.0, Color.White)
          k = 0
        End If

        dx = -q * y : dy = q * x
        x = x + dx : y = y + dy
        k = k + 1
        s = s + q
    Loop Until s > 1.0

    my 線描 (x * 200.0, y * 200.0, x * 200.0, 0.0, Color.White)
    my 文字 ("P(cos1,sin1)", x * 230.0, y * 210.0, Color.White)

    Label2.Text = Format(s, "#.#########")
    Label3.Text = Format(x, "#.#########")
    Label4.Text = Format(y, "#.#########")
End Sub
```

§1-8　弧度法の定義は不十分で意味が不明

「弧度法」の解説に使われる図です。

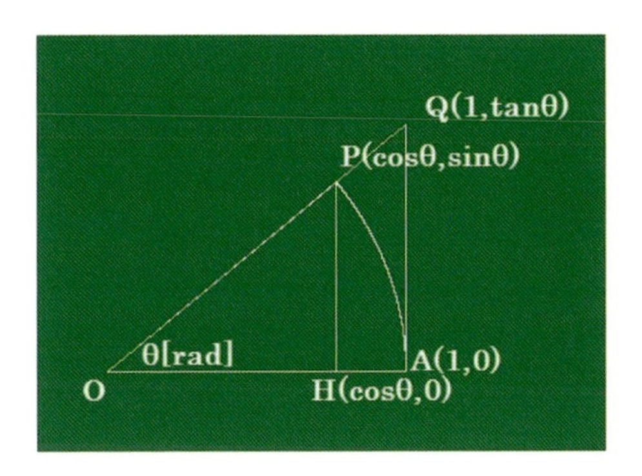

この図で不足しているのは弧 AP の長さを表す θ です。なぜ省略されているのか疑問です。

また、別の本では θ［rad］の箇所が θ だけになっていました。

これまでの弧度法の定義をみると、

①弧 AP＝θ の無視
②単位［rad］の無視

の２つの流れがあります。どんな教科書や書籍でも弧度法の解説は明解と言えません。

これは、数学の中で、弧度法の議論が十分になされていないからと考えるのが妥当と思います。ここで「§2-11　弧度法の新定義」を提案します。

「円の理解が進まなかった理由」の考察

「§4-5　論理全体を振り返って」まで、どれほどの方に読んでいただけるか不安がありますので、筆者の推論をここに書きます。

円の面積の明確な証明は $\sin\theta$ の冪関数表示から始まります。この知識のない方の多くは、

1　微小三角形の集合による円の面積公式
2　切り紙細工の集合による円の面積の公式

を認めているのです。それ以上学習する必要性を感じないのです。

さらに $\cos\theta$ と $\sin\theta$ の冪関数を「テイラーの定理」で理解するにも困難な箇所があります。この本では数値積分から始まる「文字積分」で冪関数を導き出しました。

§1-9　弧θと動点Pの座標値とのグラフ

θ と $P(x_\theta, y_\theta)$ をグラフにしました。『数値積分によるグラフ』です。

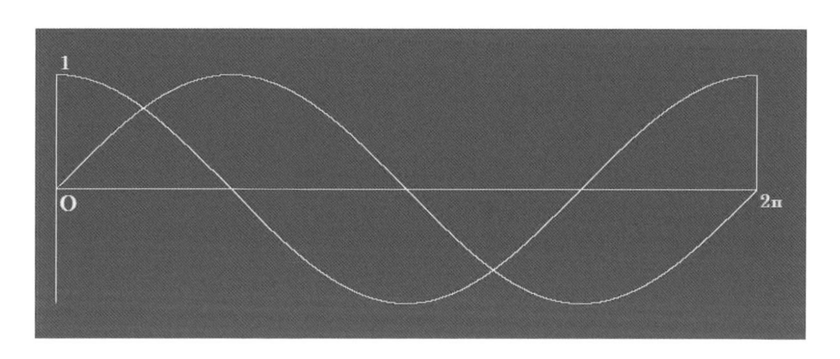

円周を360［°］としたときの $\cos x°$ と $\sin x°$ と一致しています。

☆比較すると　$360° \Leftrightarrow 2\pi$　で一致します。
☆単位円での円周が 2π であることが示されました。

【注目】今まで円を描くのに使っていた $\cos x°$ と $\sin x°$ の数表は必要なくなりますが、実社会で三角関数を必要とする解説書の中には、まだ数表が記載されている本もあります。

『三角関数を描きたい』という申し出に対し『単位を［rad］から［°］に変換してから……』では、三角関数の知識に乏しい返答をしています。

§§1-10　単位円での計算

θ	x	y
$\theta+d\theta$	$x+dx=x-yd\theta$	$y+dy=y+xd\theta$

単位円 A(1, 0) から反時計回りに計算します。$d\theta=0.1$

円の軌跡を描く			0.1
θ	x	y	
0	1	0	
0.1	1	0.1	
0.2	0.99	0.2	
0.3	0.97	0.299	
0.4	0.9401	0.396	
0.5	0.9005	0.49001	
0.6	0.851499	0.58006	
0.7	0.793493	0.6652099	
0.8	0.72697201	0.7445592	
0.9	0.65251609	0.817256401	
1	0.57079045	0.88250801	
1.1	0.482539649	0.939587055	
1.2	0.388580943	0.98784102	
1.3	0.289796841	1.026699114	
1.4	0.18712693	1.055678798	
1.5	0.08155905	1.074391491	
1.6	−0.0258801	1.082547396	
1.7	−0.13413484	1.079959386	

注目

$d\theta=0.1$ ですから、正確な x, y は計算できていません。

ぜひ、別なコンピューター言語を使ってみてください。

m(_ _)m

第２章　二階微分方程式の新解法

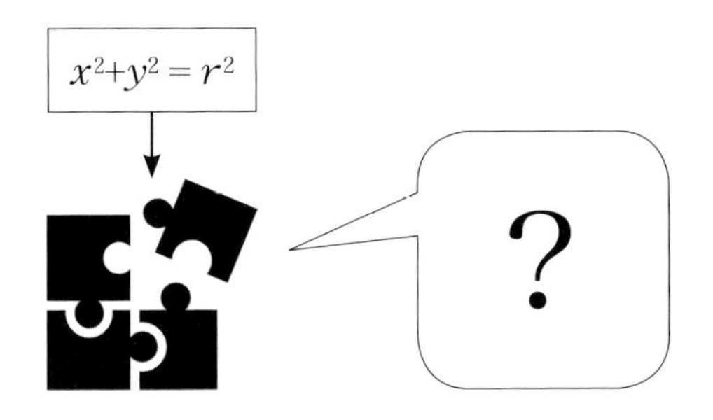

§2-1　三角関数の手がかり

筆者が二階微分方程式の解を見たときに驚いたことがあります。仮定解を使う解法です。

三角関数が冪関数であることを知ったのは、次の微分方程式でした。

$$\frac{d^2}{dx^2}f(x)=-f(x) \longrightarrow f(x)=\mathrm{A}\cos x+\mathrm{B}\sin x$$

つまり、次のことを言っています。当然のことのように $\cos x$ と $\sin x$ を使っています。

$$\cos x=1-\frac{x^2}{2!}+\frac{x^4}{4!}-\frac{x^6}{6!}+\cdots$$

$$\sin x=x-\frac{x^3}{3!}+\frac{x^5}{5!}-\frac{x^7}{7!}+\cdots$$

※ここで現れた関数 $\cos x$ と $\sin x$ がこれまでの度数を使った
　$\cos x^\circ$ や $\sin x^\circ$ と同一の曲線であることを示す必要があります。

【参照】「§3-3　最初に見た三角関数の冪関数」中の「仮定解を使う解法」

§2-2　論理的な飛躍

三角関数のグラフに関しての筆者の経験です。

①二階微分方程式の解に cos θ がありました。グラフは描けませんでした。
②二階微分方程式を数値積分解法で解きました。
③ cos θ の冪級数表示を知りました。

この②と③の経験から、グラフを比較します。結果は次のグラフです。上部のグラフを表すプロシージャです。二階微分方程式の数値解です。最も簡単なオイラー法を使いました。

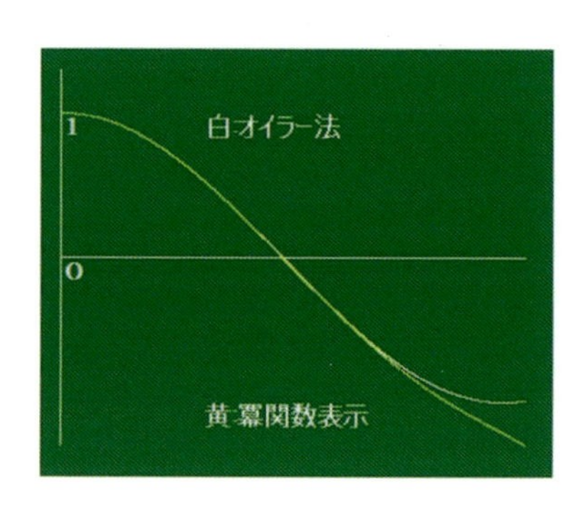

【注目】コンピューターによる作図は、当初はオイラー法によって正確な図を描けましたが、作図に時間がかかります。これに対して、冪級数による作図は、作図時間を大幅に短縮できる利点があります。

以下の２つのプロシージャは前ページのグラフ作成用のもので、テスト用です。

```
Private Sub 微分方程式 ()
    Dim x, dx, fx, gx, hx As Double
    fx = 1.0 : gx = 0.0 : hx = -fx
    dx = 0.0001 : x = 0.0
    Do
      my 点描 (x * 100.0, fx * 100.0, Color.White)
      fx = fx + gx * dx : gx = gx + hx * dx : hx = -fx
      x = x + dx
    Loop Until x > 6.3
    my 文字 ("O", 0, 0, Color.White)
    my 文字 ("1", 0, 100, Color.White)
    my 文字 (" 白 : オイラー法 ", 100, 100, Color.White)
End Sub
```

```
Private Sub 冪関数 ()
    Dim x, y As Double
    x = 0.0
    Do
      y = 余弦波 (2, x)
      my 点描 (x * 100.0, y * 100.0, Color.Yellow)
      x = x + 0.00001
    Loop Until x > 6.3
    my 文字 (" 黄 : 冪関数表示 ", 100, -100, Color.White)
End Sub
```

【比較】正式なプログラムコードは「§2-5　図を描いて同一の曲線であることを確かめます」を参照してください。

§2-3　冪級数のグラフ

※ $\cos\theta$ としてよさそうです。

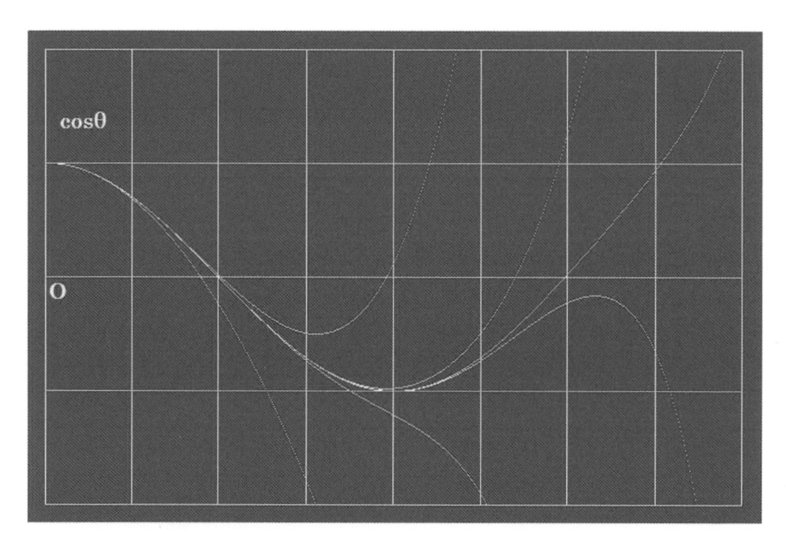

※ $\sin\theta$ としてよさそうです。

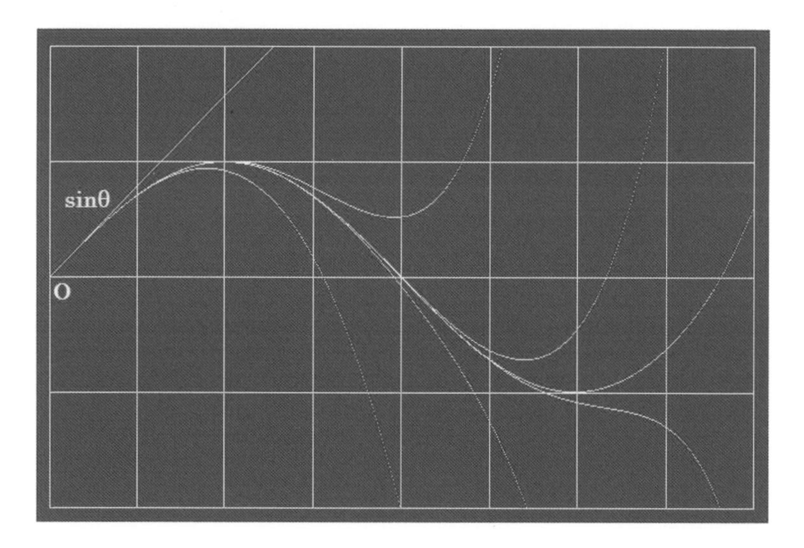

§2-4　近似円の描画

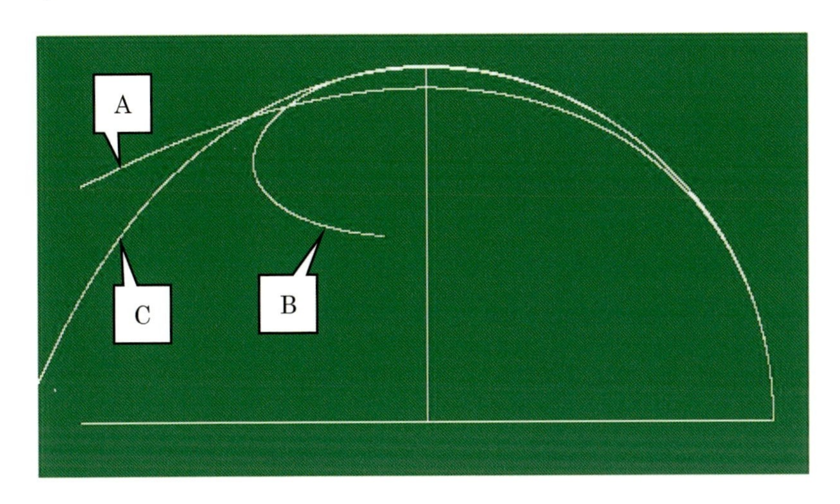

(A)次の近似式です。

$$\cos\theta \fallingdotseq 1-\frac{\theta^2}{2!}$$

$$\sin\theta \fallingdotseq \theta-\frac{\theta^3}{3!}$$

図から分かるように θ が小さければ円に近いのです。

(B)次の近似式です。

$$\cos\theta \fallingdotseq 1-\frac{\theta^2}{2!}+\frac{\theta^4}{4!}$$

$$\sin\theta \fallingdotseq \theta-\frac{\theta^3}{3!}+\frac{\theta^5}{5!}$$

$\theta = \pi/2$ では見た目ではわかりません。

(C)$\theta < \pi/2$だと真円です。

使用したのは次の近似式です。

$$\cos\theta \fallingdotseq 1-\frac{\theta^2}{2!}+\frac{\theta^4}{4!}-\frac{\theta^6}{6!}$$

$$\sin\theta \fallingdotseq \theta-\frac{\theta^3}{3!}+\frac{\theta^5}{5!}-\frac{\theta^7}{7!}$$

次に、$\cos\theta$と$\sin\theta$の近似値の精度を上げました。$\theta=1$の時にP(0.54027778, 0.84146825)です。これと、正式な値を比較します。

$\cos 1 = 0.540302306$　　$\sin 1 = 0.841470985$

ディスプレイ上で描画すると重なり区別できません。

【参考】ここでは、仮定解を使って得られた三角関数で円を描けるとしましたが、厳密な解であると言い切れません。「偶然に、運よく得られた解ですね」と言われても反論できません。

正式には、文字積分法を使った「§3-5　連立微分方程式の解法として文字積分法を使う」で証明します。

§2-5　図を描いて同一の曲線であることを確かめます

４本の曲線を同一座標面に表示します。

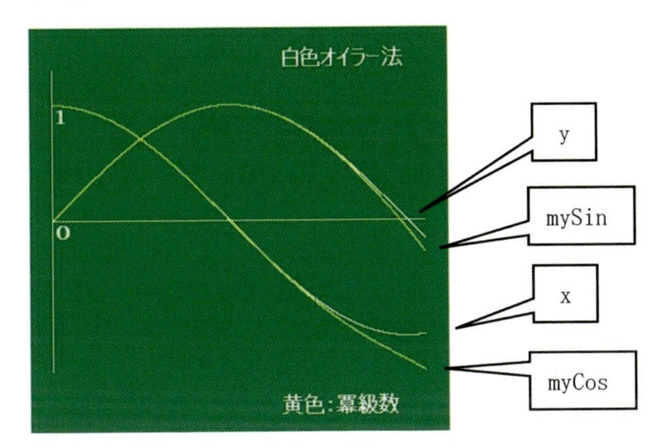

☆x と y のグラフです。

```
'オイラー法で連立微分方程式の解を求め、図示しました。
  Private Sub オイラー ()
    my 文字 ("O", 0, 0, Color.White)
    my 文字 ("1", 0, 100, Color.White)
    my 文字 (" 白色オイラー法 ", 200, 150, Color.White)

    Dim x, y, dx, dy, s, q As Double
    x = 1.0 : y = 0.0
    s = 0.0 : q = 0.0001
    Do
        my 点描 (s * 100.0, x * 100.0, Color.White)
        my 点描 (s * 100.0, y * 100.0, Color.White)
        dx = -q * y : dy = q * x
        x = x + dx : y = y + dy
        s = s + q
    Loop Until s > 6.3
End Sub
```

☆余弦波 cos θ と正弦波 sin θ のグラフです。

```
Private Sub 幂級数 ()
    my 文字 ("O", 0, 0, Color.White)
    my 文字 ("1", 0, 100, Color.White)

    Dim x, y, s, q As Double
    s = 0.0
    Do
        x = 余弦波 (3, s)
        y = 正弦波 (3, s)
        If Math.Abs(x) <= 2.0 Then
          my 点描 (s * 100.0, x * 100.0, Color.Yellow)
        End If
        If Math.Abs(y) <= 2.0 Then
          my 点描 (s * 100.0, y * 100.0, Color.Yellow)
        End If
        s = s + 0.001
    Loop Until s > 6.3
    my 文字 (" 黄色：冪ﾍﾞｷ級数 ", 200, -150, Color.White)
End Sub
```

§2-6　円の厳密な面積公式の求め方

sin θ は θ の冪関数で表すことができます。これを使うと、円の面積公式を求めることができます。

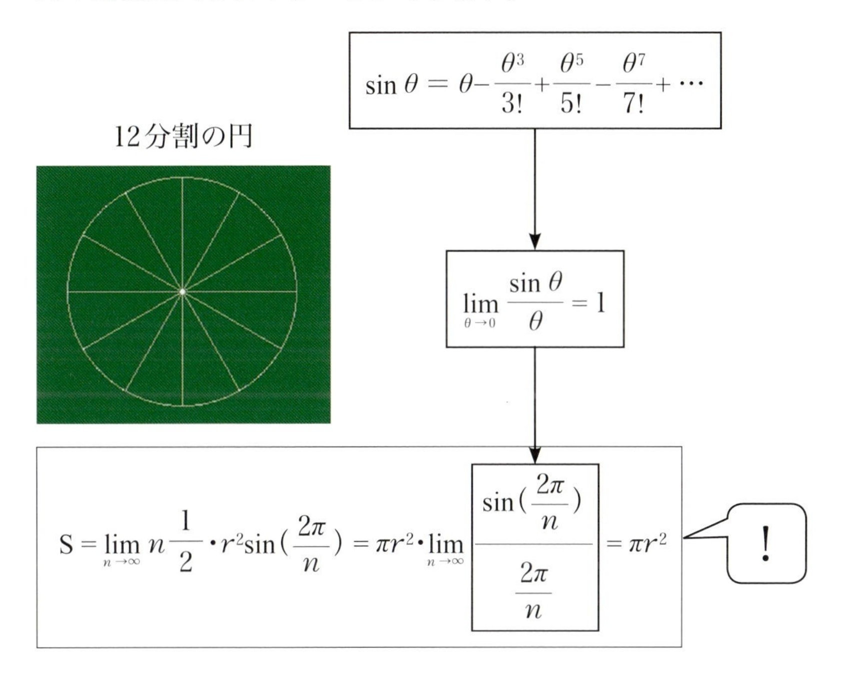

【注目】この証明によって「§1-6　切り紙細工による円の面積計算」から高校生が納得できる証明法に進みました。

§2-7　これまでの弧度法と三角関数

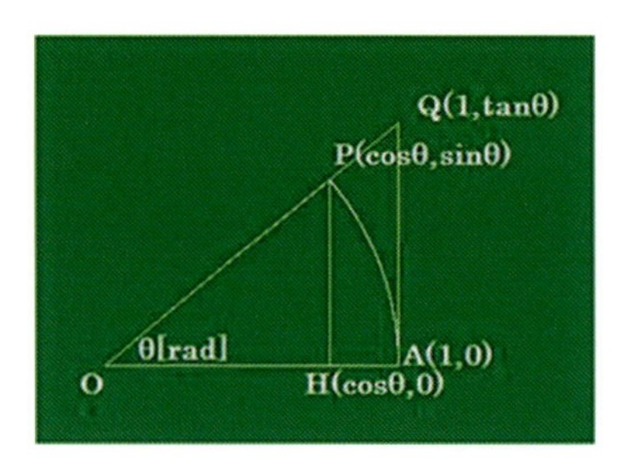

弧度法を使うと∠AOP = θ ［rad］で、弧 AP = θ です。

次に、P(cos θ, sin θ) の解説がないので『定義』扱いと考えます。

実は、cos θ と sin θ は別に決められていて、かわりに P(cat θ, dog θ) と記述することは認められていません。数学の権威で押し付ける定義なのです。

★扇形 OAP の面積と２つの三角形の面積の比較をしますが、証明なしに単位円の面積公式を使い、扇形の面積を求めて使っています。

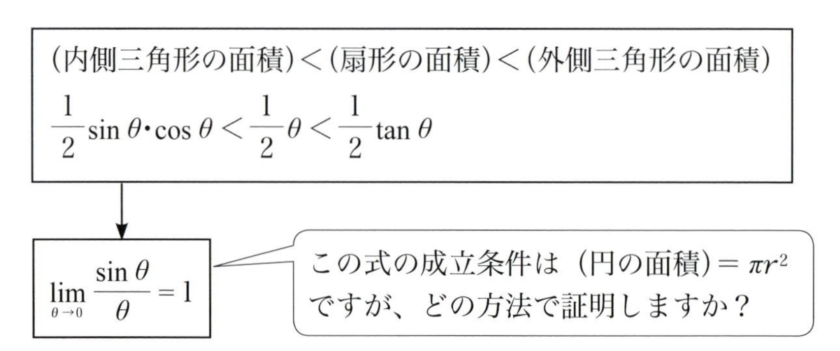

§2-8　単位円での弧の長さθを省略してはいけません

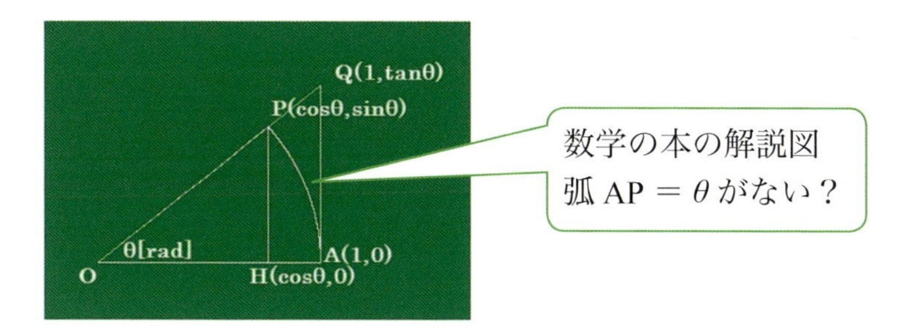

円と扇形の比較　半径1として比較

	円	扇形
中心角	2π ［rad］	θ ［rad］
面積	π	$\frac{1}{2}\theta$
弧の長さ	2π	θ

【疑問？】扇形の面積と弧の長さは比例計算で簡単に計算できます。この図は数学の本からの引用ですが、弧の長さθが記入されていません。数学の先生が見逃すはずはないのです。弧の長さθを使えば、面積比較の式より簡単になります。

$$\sin\theta < \theta < \tan\theta$$

§2-9　半径がrの円の使い方

半径rの円で弧度θ［rad］を使うと宣言したら、弧の長さは$r\theta$です。

中心を原点Oとする半径rの円上の点A(r, 0)から、円周に沿って反時計回りに$r\theta$移動した点をPとし、∠AOP＝θ［rad］と定義します。Pの座標はP(rcos θ, rsin θ)です。

これは、物理学の力学分野の円運動で使います。単位をつけます。

半径r［m］の円上の位置(r, 0)から円周上を反時計回りに$r\theta$［m］移動後の位置は(rcos θ, rsin θ)です。さらに、等速円運動の速さをv、移動時間をtとして(道のり)=(速さ)×(時間)から$r\theta = vt$とすると$\omega = \theta/t$として$r\omega = v$です。ωは角回転数(単位が［1/s］)であり角速度(単位が［rad/s］)ではありません。角回転数ωは回転数f［1/s］の2π倍で$\omega = 2\pi f$です。さらに、点(rcos ωt, rsin ωt)の射影点となる(rcos ωt, 0)や(0, rsin ωt)は単振動の点であることは明らかです。

【cos θやsin θの中のθには単位はつかない！】

円を表すcos θとsin θはともに冪関数で、指数関数のe^{θ}もまた冪関数です。rsin θ≒$r\theta$となることもありますから、rに［m］という単位がつくことはあっても、θには単位はつきません。三角関数の中に［rad］が含まれることはないのです。

§2-10　数学の本に見当たらない重要事項

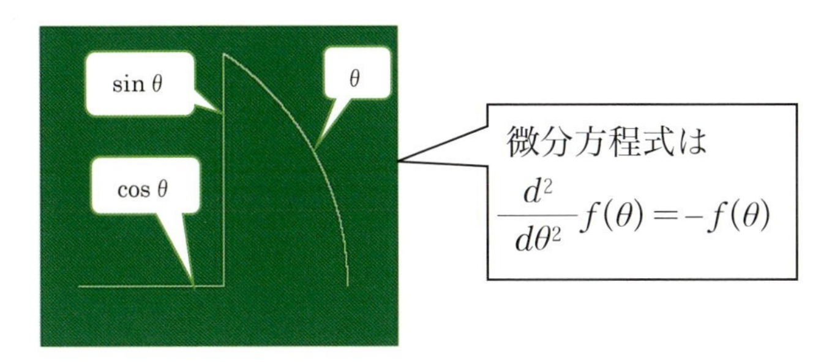

単位円の図から $\cos\theta$ と $\sin\theta$ を導き出せる積分法がありませんでした。

多くの研究者が、三角関数の論理の不十分さに気づいていたはずです。解説に適した積分法がなかったので、仕方なく今日にいたったと考えます。

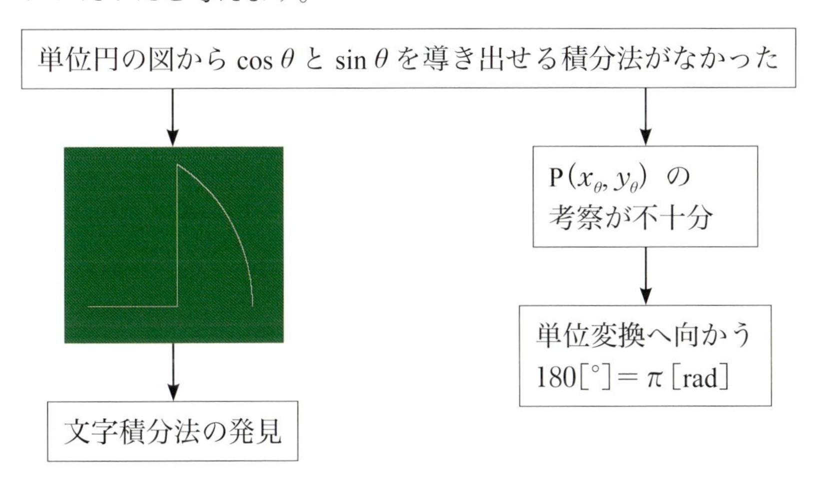

【注目】数学の研究者は適切な積分法がなかったので、右側の進路をとることになりました。教わる学習者が理解できないのも当然です。

§2-11　弧度法の新定義

【注目】θ［rad］と $\cos\theta$ と $\sin\theta$ の関係を明らかにした人は不明です。

筆者は以下のように定義しました。

この定義の特徴は『$S = \pi r^2$』を前提としていないことです。

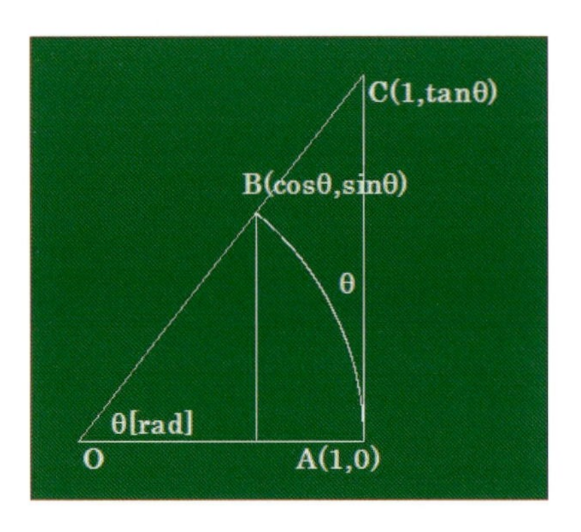

【弧度法】中心を原点 O とする単位円上の点 A(1, 0) から、円周に沿って反時計回りに弧 θ 離れた点を B とし、∠ AOB ＝ θ［rad］と定義します。

ここで、点 B の位置は確定します。しかし座標値は数学の教科書には書かれていません。

文字積分法で B($\cos\theta$, $\sin\theta$) と証明しました。(/・ω・)/

【注目】テイラーの定理を使わずに $\cos\theta$ と $\sin\theta$ を陽関数の形式で得ることができました。

§2-12　循環論の確認

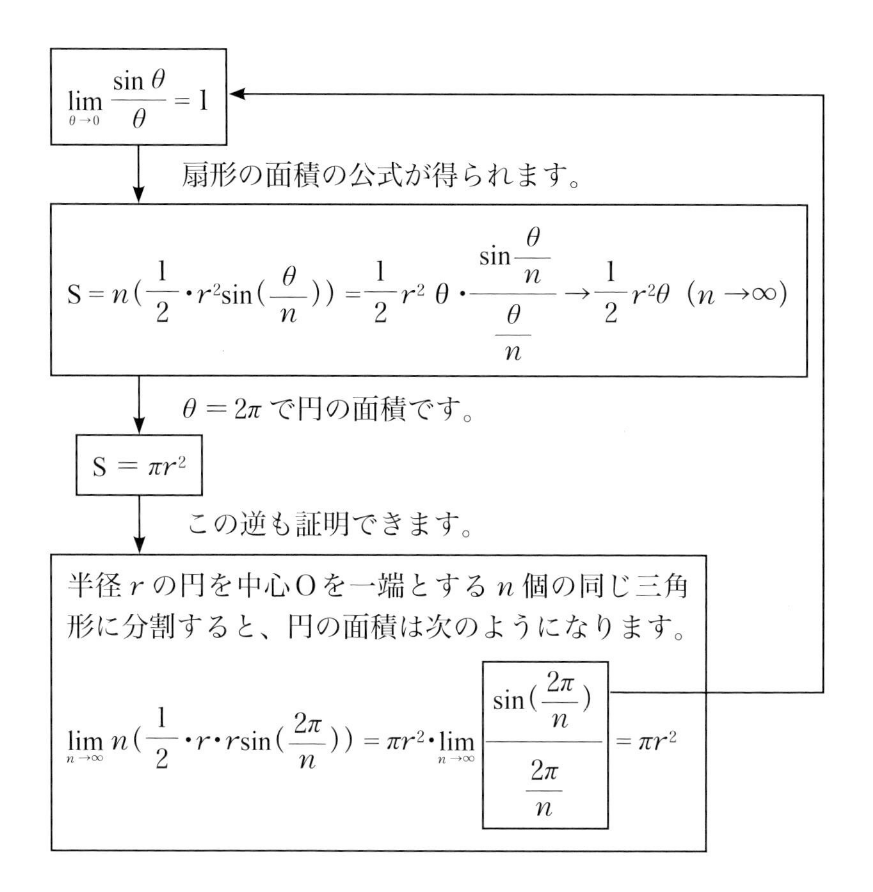

【注目】簡単にすると次の相互関係になります。

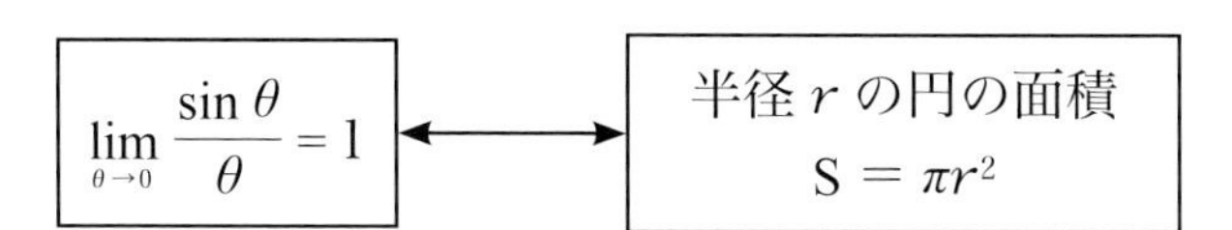

§2-13　循環論から逃げる方法

☆単位円の A(1, 0) から反時計回りに円弧上を θ 移動した点 $\mathrm{P}(x_\theta, y_\theta)$。

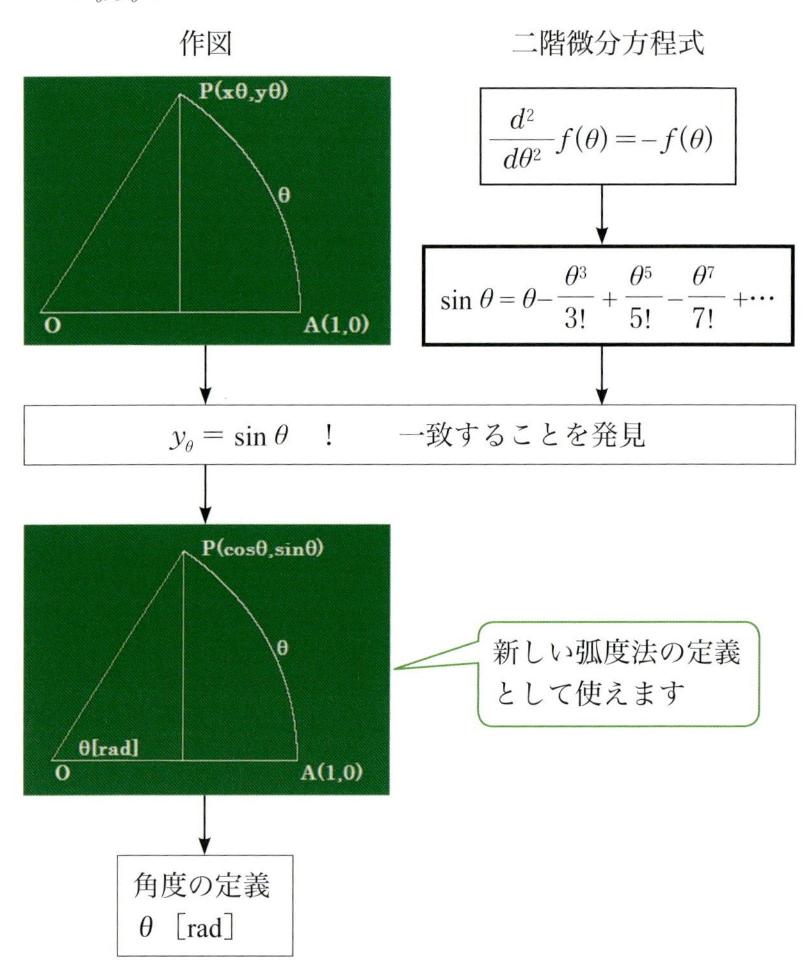

【解説】

①単振動を表す二階微分方程式の解には２種類あります。この解を $\cos x°$ と $\sin x°$ に対応させて、それぞれ $\cos\theta$ と $\sin\theta$ とします。この点（$\cos\theta, \sin\theta$）を動点として円を描くことができます。

②単位円において、点 $A(1, 0)$ から円弧に沿って θ 移動した点 P の座標は確定しますから、$P(x_\theta, y_\theta)$ とします。

③さらに、$x^2+y^2=1$ から得られる連立微分方程式を解いて、

$$x_\theta = \cos\theta \qquad y_\theta = \sin\theta$$

であることが発見、証明されました。

④以上のことが明らかになると、$\angle AOP = \theta$［rad］という弧度法の定義が具体的になります。

【発明・発見の手がかり】

コンピューターによる数値積分法で円を描く時に使う次の式に注目しました。

$$\frac{dx}{-y} = \frac{dy}{x} = \varepsilon$$

$\varepsilon^2 = (dx)^2 + (dy)^2$

ε は微小な弧あるいは弦の長さ

数値積分を文字積分にして、$\cos\theta$ と $\sin\theta$ の冪級数を得ました。

$$\lim_{\theta\to 0}\frac{\sin\theta}{\theta} = 1$$

この式の助けは不要となりました。

§2-14 最終的な論理の流れ

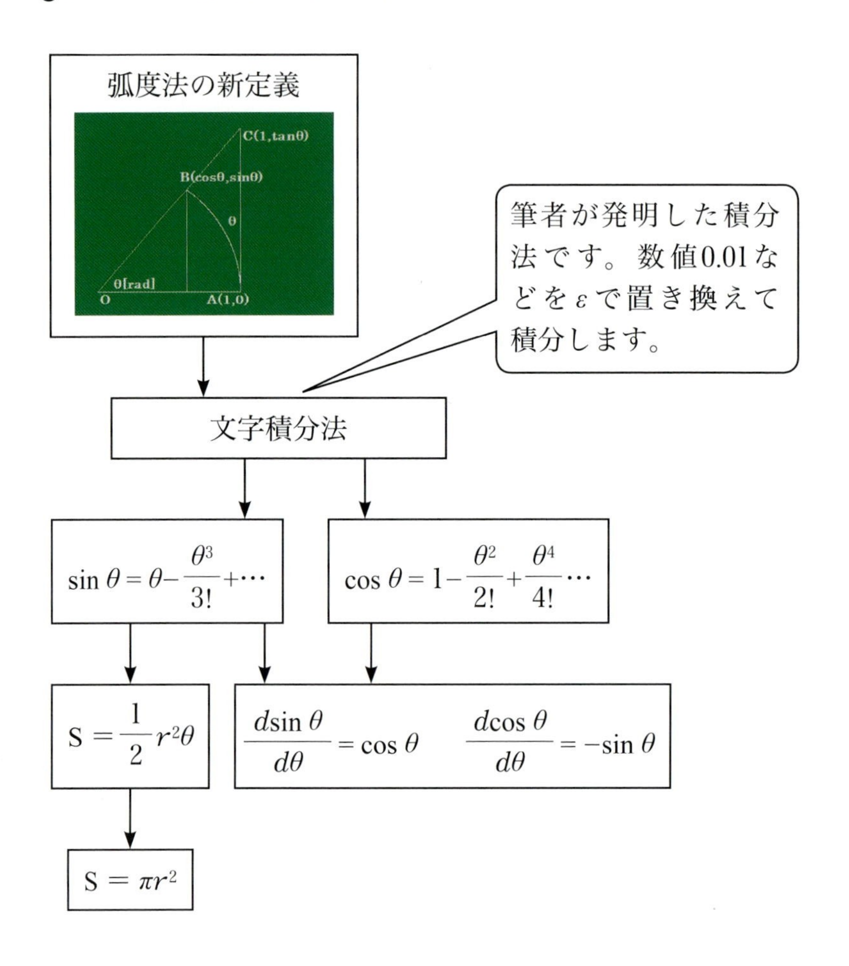

※出発点は『弧度法』で『文字積分法』を使い『扇形の面積公式』が得られるとすると、論理の流れに無理がありません。

§2-15　不要公式と必要公式

★不要公式

三角関数の解説の中で、次の公式は重要とされています。

$$\lim_{\theta \to 0} \frac{\sin\theta}{\theta} = 1$$

この式は、テイラーの定理と共同して、$\sin\theta$ の冪級数表示を明らかにできるとしています。しかし、文字積分法で、弧度法の新定義から $\cos\theta$ と $\sin\theta$ が分かったときには、もう無用の公式です。数学発展の歴史に納めてよいと考えます。

★必要公式

円の方程式 $x^2+y^2=1^2$ から、微小変化を考慮した式 $xdx+ydy=0$ が得られますが常識的な式です。そして次の式になったときに発展があります。

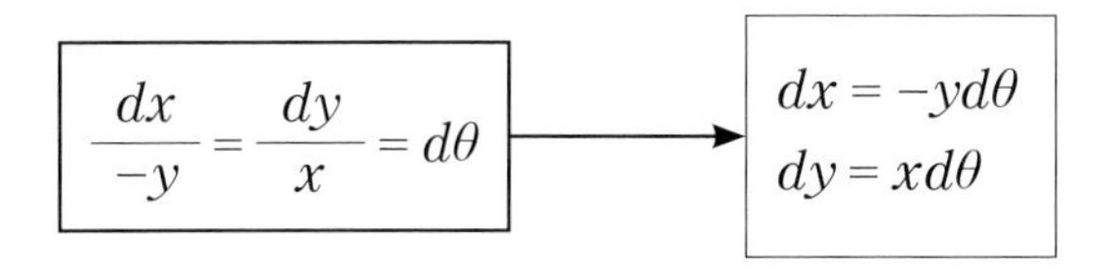

実は、この式はコンピューター科学で円を描くときに使う式です。今まで考えたことのない方程式でした。単位円上での動点の回転公式を考察してみると、次のようになり一致しました。

$$dx=\cos(\theta+d\theta)-\cos\theta=\cancel{\cos\theta\cos(d\theta)}-\sin\theta\sin(d\theta)-\cancel{\cos\theta}\rightarrow -yd\theta$$

$$dy=\sin(\theta+d\theta)-\sin\theta=\cancel{\sin\theta\cos(d\theta)}+\cos\theta\sin(d\theta)-\cancel{\sin\theta}\rightarrow xd\theta$$

第３章　円の歴史

§3-1　円に関する論理の流れ

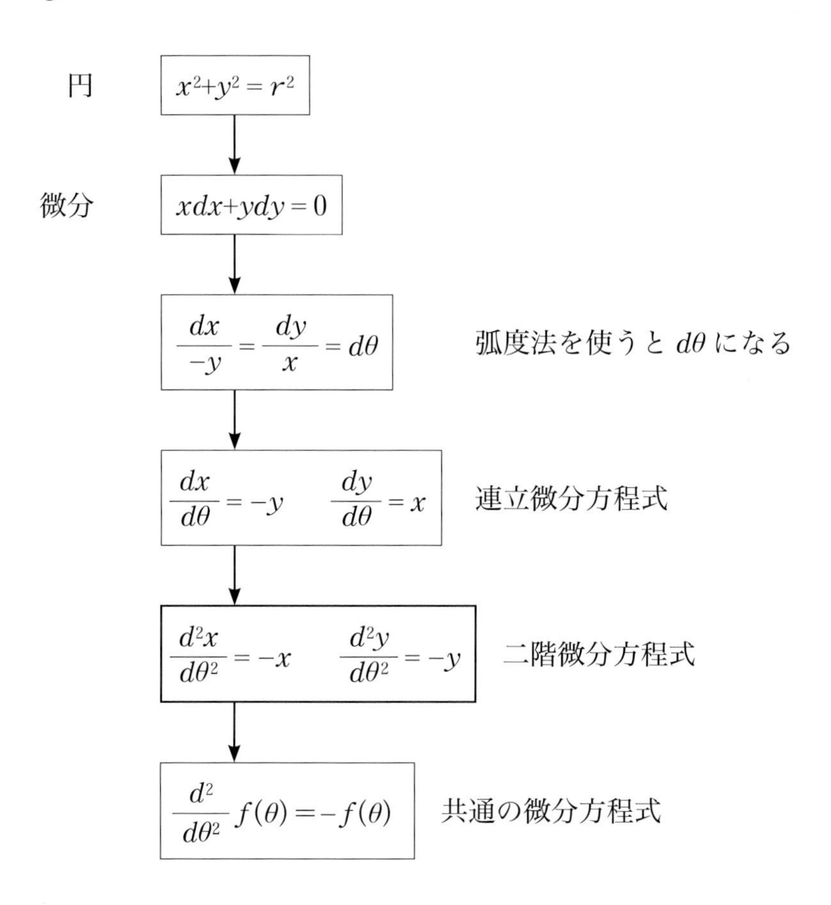

※「円の秘密」はこのページで明らかになりました。

§3-2　コンピューターを使って計算可能になった

コンピューターの発展によって、数式に従ってグラフを描くことが可能になりました。これで個人のコンピューターでディスプレイ上に円を描くことができます。

紙の上で、コンパスで円を描くことは容易でしたが、コンピューターで希望する円を描けるようになったのは2000年を越えてからです。

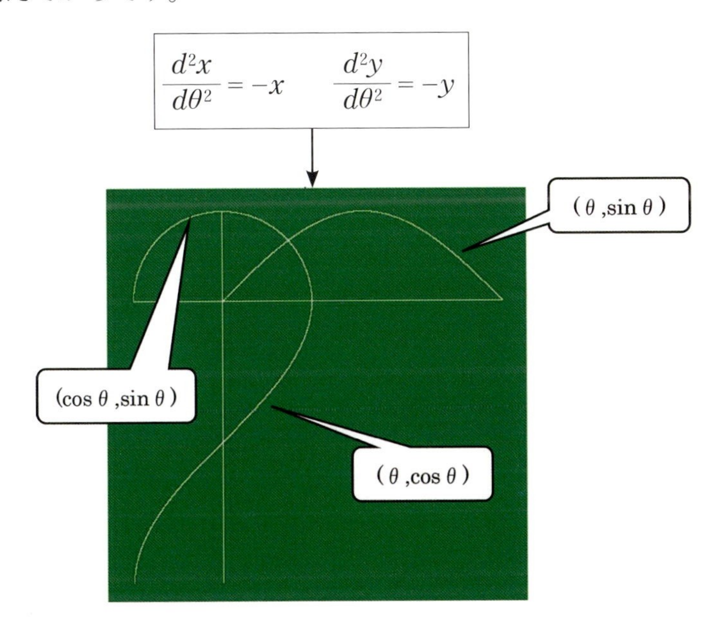

動点 P(cos θ, sin θ) が点(1, 0) から点(−1, 0) へ移動するときの軌跡です。

(θ, cos θ) 及び (θ, sin θ) の関係も同時に表示しました。

§3-3　最初に見た三角関数の冪関数

1965年の頃、考察していたのは、単振動の微分方程式でした。筆者は高校生でした。

$$\frac{d^2}{dt^2}f(t)=-\omega^2 f(t)$$

$$f(t)=\mathrm{A}\cos\omega t+\mathrm{B}\sin\omega t$$

教科書や本ではグラフが描かれていても自分では正確に作図できません。しかも、次のような「仮定解を使う解法」がありましたが、実際の物体の運動とはかけ離れた数式に思えました。

$\omega=1$として簡単な式で考察します。

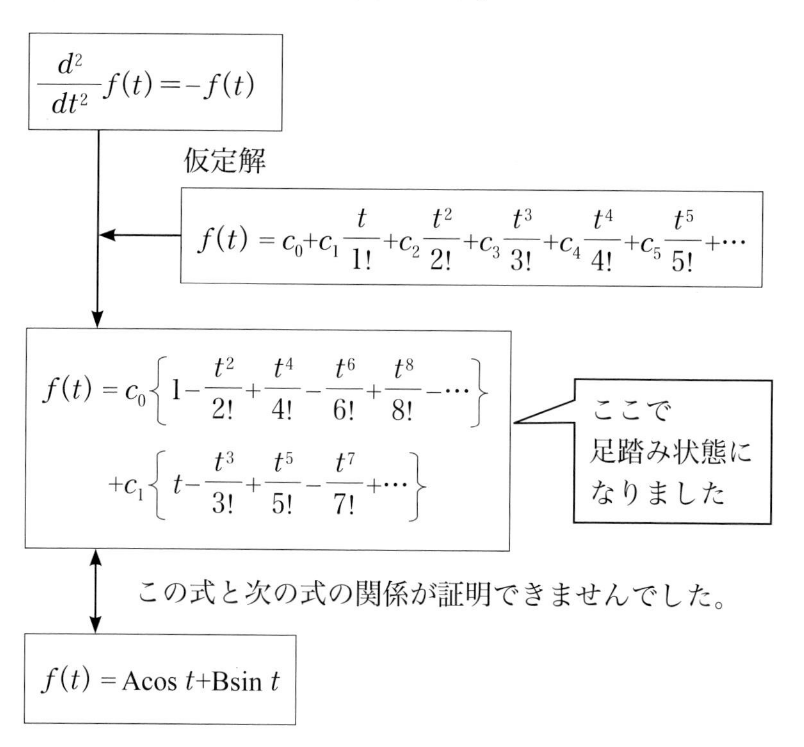

§3-4　連立微分方程式から二階微分方程式へ進む

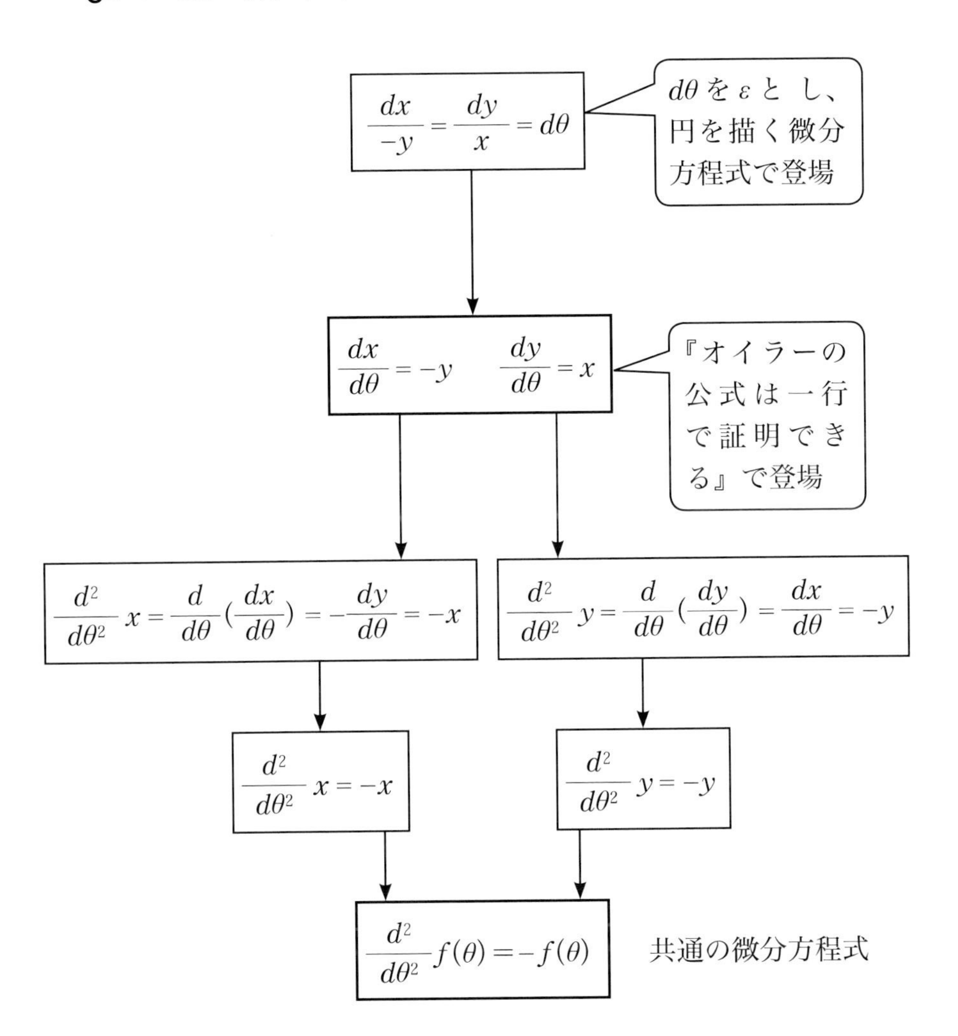

§3-5　連立微分方程式の解法として文字積分法を使う

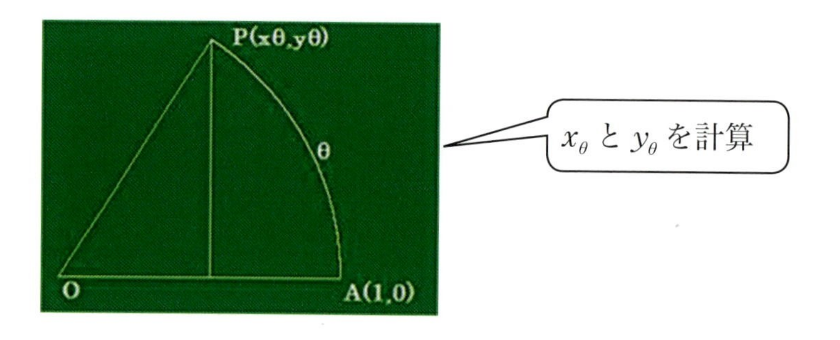

弧 AP が $\theta=0$ の時 P(1, 0) で、弧 AP $=\theta$ の時の P(x_θ, y_θ) は、

$$x_\theta = 1-\frac{\theta^2}{2!}+\frac{\theta^4}{4!}-\cdots \qquad y_\theta=\theta-\frac{\theta^3}{3!}+\frac{\theta^5}{5!}-\cdots$$

$$x^2+y^2=1$$

↓

$$xdx+ydy=0$$

↓

$$\frac{dx}{-y}=\frac{dy}{x}=\varepsilon$$

↓

$$x+dx=x-y\cdot\varepsilon$$
$$y+dy=x\cdot\varepsilon+y$$

『文字積分法』を連立微分方程式でも使います。

θ	x_θ	y_θ
0	1	0
ε	1	ε
2ε	1 $-\varepsilon^2$	2ε
3ε	1 $-3\varepsilon^2$	3ε $-\varepsilon^3$
4ε	1 $-6\varepsilon^2$ $+\varepsilon^4$	4ε $-4\varepsilon^3$
5ε	1 $-10\varepsilon^2$ $+5\varepsilon^4$	5ε $-10\varepsilon^3$ $+\varepsilon^5$
6ε	1 $-15\varepsilon^2$ $+15\varepsilon^4$ $-\varepsilon^6$	6ε $-20\varepsilon^3$ $+6\varepsilon^5$

①x_θの計算

$$x_\theta = 1 - {}_nC_2\varepsilon^2 + {}_nC_4\varepsilon^4 - {}_nC_6\varepsilon^6 + {}_nC_8\varepsilon^8 - \cdots$$

☆ x_θ の計算

$$x_\theta = 1 - {}_nC_2\varepsilon^2 + {}_nC_4\varepsilon^4 - {}_nC_6\varepsilon^6 + {}_nC_8\varepsilon^8 - \cdots$$

$$= 1 - \frac{n(n-1)}{2!}\varepsilon^2 + \frac{n(n-1)(n-2)(n-3)}{4!n^4}\varepsilon^4$$

$$- \frac{n(n-1)\cdots(n-6)}{6!n^6}\varepsilon^6 + \cdots$$

$\varepsilon \to \dfrac{\theta}{n}$ として

$$x_\theta = 1 - \frac{\theta^2}{2!}\cdot\left(1-\frac{1}{n}\right) + \frac{\theta^4}{4!}\cdot\left(1-\frac{1}{n}\right)\left(1-\frac{2}{n}\right)\left(1-\frac{3}{n}\right) - \cdots$$

$n \to \infty$ として

$$x_\theta = 1 - \frac{\theta^2}{2!} + \frac{\theta^4}{4!} - \frac{\theta^6}{6!} + \cdots$$

②y_θの計算

$$y_\theta = {}_nC_1\varepsilon - {}_nC_3\varepsilon^3 + {}_nC_5\varepsilon^5 - {}_nC_7\varepsilon^7 + \cdots$$

☆ y_θ の計算

$y_\theta = {}_nC_1\varepsilon - {}_nC_3\varepsilon^3 + {}_nC_5\varepsilon^5 - {}_nC_7\varepsilon^7 + \cdots$

$$= n\varepsilon - \frac{n(n-1)(n-2)}{3!n^3}\varepsilon^3 + \frac{n(n-1)\cdots(n-5)}{5!n^5}\varepsilon^5 - \cdots$$

$\varepsilon \to \dfrac{\theta}{n}$ として

$$y_\theta = \theta - \frac{\theta^3}{3!}\cdot\left(1-\frac{1}{n}\right)\left(1-\frac{2}{n}\right)$$

$$+\frac{\theta^5}{5!}\cdot\left(1-\frac{1}{n}\right)\left(1-\frac{2}{n}\right)\cdots\left(1-\frac{5}{n}\right) - \cdots$$

n →∞として

$$y_\theta = \theta - \frac{\theta^3}{3!} + \frac{\theta^5}{5!} - \frac{\theta^7}{7!} + \cdots$$

【注目】「§2-13　循環論から逃げる方法」の中で $y_\theta = \sin\theta$! となる証明になります。

§3-6　cos θ と sin θ の発展

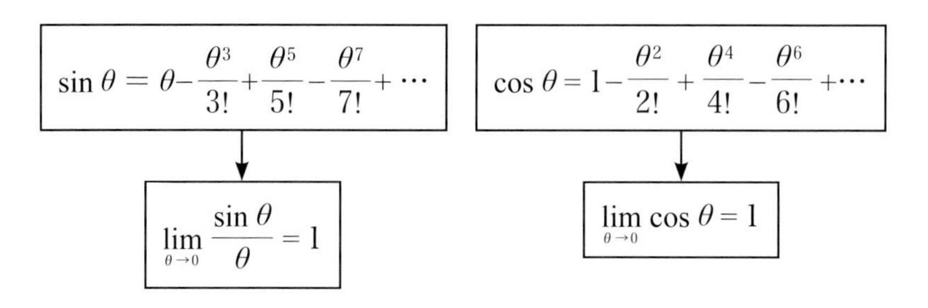

$$\sin\theta = \theta - \frac{\theta^3}{3!} + \frac{\theta^5}{5!} - \frac{\theta^7}{7!} + \cdots$$

$$\lim_{\theta \to 0} \frac{\sin\theta}{\theta} = 1$$

$$\cos\theta = 1 - \frac{\theta^2}{2!} + \frac{\theta^4}{4!} - \frac{\theta^6}{6!} + \cdots$$

$$\lim_{\theta \to 0} \cos\theta = 1$$

☆ $z = \cos\theta + i\sin\theta$ と複素数になったときに三角関数の威力を実感します。

☆ところで……

> 意見　高校生に三角関数を教えて、何か役立つのか？

筆者は、次のような意見も聞いた記憶があります。

> 意見　高校生に物理学を教えて、何かに役立つのか？

電気は使い方を誤ると死亡事故の原因となります。電気を理解し、使いこなせる人は実は極めて少数です。上記の両方の意見に対する回答は『電気を操る最強の魔法使いになるのに、魔法学ではなく○○学を勉強してはどうですか？』と言いたいのです。身近にある教科書はずっと簡単です。

第４章　あいまいな解説が続いた歴史

§4-1　数学での学習指導の誤り

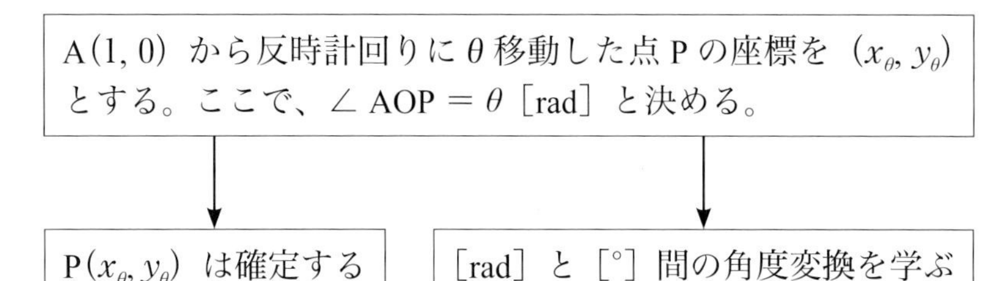

これまで数学では左側へは進まず、(x_θ, y_θ) を確定させずに、右側に進んできました。これは全く誤った学習指導です。そのため、点 P の存在感がなくなり、平面座標だけでなく、複素平面でも曖昧な概念になりました。

【疑問？】弧度法を定義した時に、点 P が存在することは計算しなくても納得できます。点 P の位置は数学的に確定したはずです。

三角関数の最も基本的な土台が欠落し、大学入試向けの難問の計算問題を解く方面へと誘導されました。

【角度の変換公式】教科書で数ページを使う解説ではありません。

x［°］と θ［rad］の間の変換公式です。180［°］= π［rad］を使います。

$$x[°]\cdot\frac{\pi[\mathrm{rad}]}{180[°]} = \frac{x\pi}{180}[\mathrm{rad}]$$

$$\theta[\mathrm{rad}]\cdot\frac{180[°]}{\pi[\mathrm{rad}]} = \frac{180\theta}{\pi}[°]$$

§4-2　物理学での学習指導の誤り

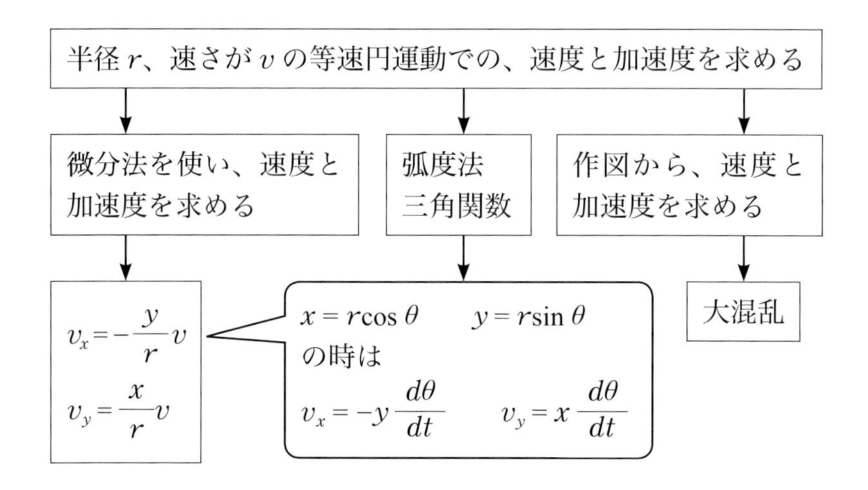

ここで、物理学では左側や中央側へは進まず、右側に進んできました。悪いことにその解説に［rad］を使用したため、そのあと大混乱を引き起こしました。

また、大学入試問題の中で、等速円運動に関する数学・物理学の問題の中に奇妙な問題が現れました。しかも、「大変だ！」とか「大問題だ！」という指摘がありませんでした。誤った理論を注意できる教員がいなかったことが最大の問題です。そして、「円に違和感がある」とする大学受験生は日本だけではなく世界中で今も増加していると考えます。

§4-3　高等学校物理学教科書の誤り

一方、物理学を理解できない高校生が増えたために文部科学省（文部省）は、高等学校で必修科目としていた物理学を選択科目としました。

さて、高等学校の物理学の教科書では、等速円運動の解説は次のようになります。思考実験を追ってください。

> 角速度10［rad･m/s］で半径１［m/s］の円周上を等速円運動していた物体があります。突然物体を引いて回転させていた糸が切れました。

円運動を支えていた糸が切れると、慣性の法則で、接線方向に直線的に飛び去ります。速さの単位は［m/s］です。すると、［rad］はどのような理由で消えることになるのでしょう。さらに、直進する物体が、ある種の装置に捉えられ、等速円運動を始めたら、速さの単位は再び［rad･m/s］となり［rad］が加わります。この科学とは思えない結論に至った原因を探し当てるのは、非常に困難なことでした。そして「§4-1　数学での学習指導の誤り」の中で $\mathrm{P}(x_\theta, y_\theta)$ は確定することを明言しなかった数学者に責任があると考えました。しかし、$x_\theta = \cos\theta$, $y_\theta = \sin\theta$ と気づいていましたから、次のように定義しています。あくまでも一時しのぎの解決策です。

$$\cos\theta = x_\theta \qquad \sin\theta = y_\theta$$

これまでは、数学の権威で三角関数が成り立っていましたが、筆者が発明した『文字積分法（仮称）』で証明されるまでこのままでした。

【参考】拙著『オイラーの公式は一行で証明できる』2015年2月5日刊

§4-4　複雑な定義と長い論理に振り回された思い

単位円の図を描き、弧の長さを θ とするとき
縦の線分の長さを $\sin\theta$
横の線分の長さを $\cos\theta$

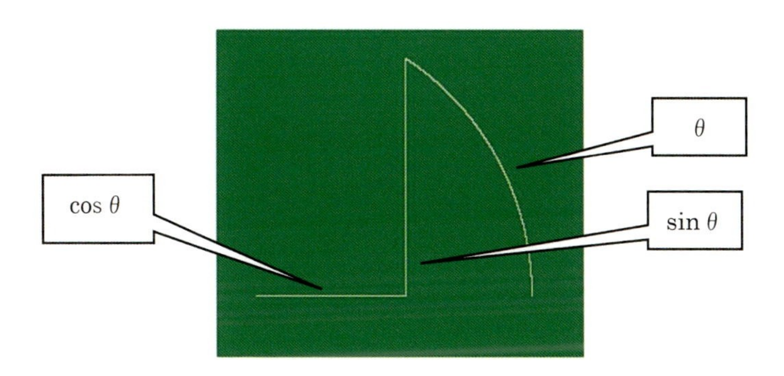

このように定義すると、次の式が成立します。

$$\lim_{\theta \to 0} \frac{\sin\theta}{\theta} = 1$$

大学入試の問題として
出題されました

しかし、もうこの数式の証明は意味がありません。$\sin\theta$ の冪級数表示が明らかにされているからです。

$$\sin\theta = \theta - \frac{\theta^3}{3!} + \frac{\theta^5}{5!} - \frac{\theta^7}{7!} + \cdots$$

【注目】基本となるのは「§2-14　最終的な論理の流れ」です。

§4-5　論理全体を振り返って

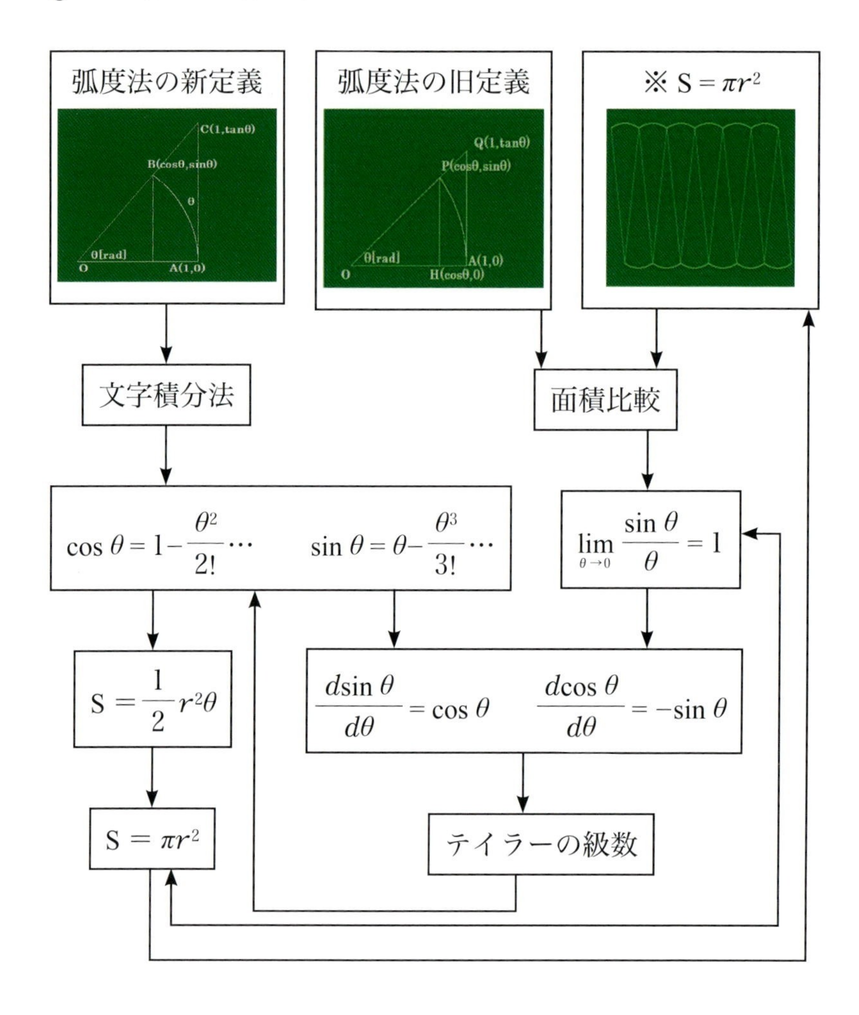

※新定義には、円の面積公式は不要なことが分かります。

【注目】(円の面積)$=\pi r^2$を使わなくても $\cos\theta$ と $\sin\theta$ は得られます。

§4-6　不要になった考察

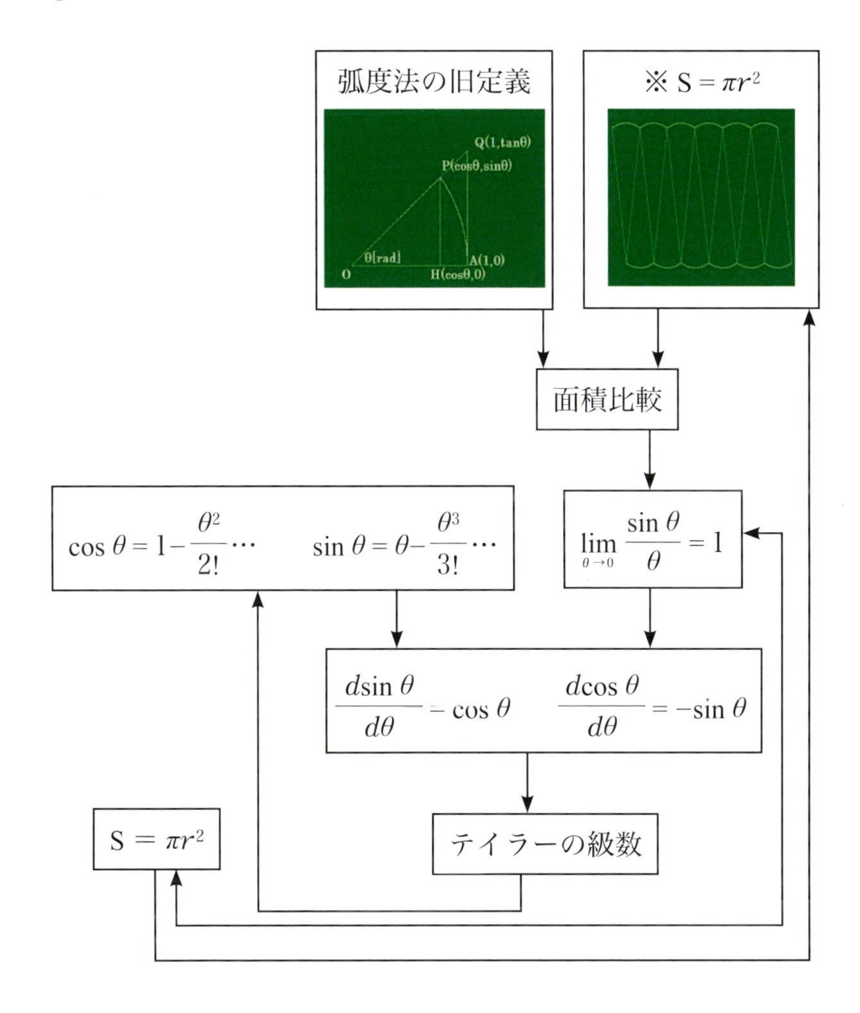

弧度法の旧定義
Q(1,tanθ)
P(cosθ,sinθ)
θ[rad]
O
H(cosθ,0)
A(1,0)
※ S = πr^2
面積比較
$\cos\theta = 1 - \frac{\theta^2}{2!} \cdots$
$\sin\theta = \theta - \frac{\theta^3}{3!} \cdots$
$\lim_{\theta \to 0} \frac{\sin\theta}{\theta} = 1$
$\frac{d\sin\theta}{d\theta} = \cos\theta$
$\frac{d\cos\theta}{d\theta} = -\sin\theta$
S = πr^2
テイラーの級数

§4-7　テイラーの法則を必要としない解説

☆一般的には三角関数をテイラー級数を使って展開してきました。

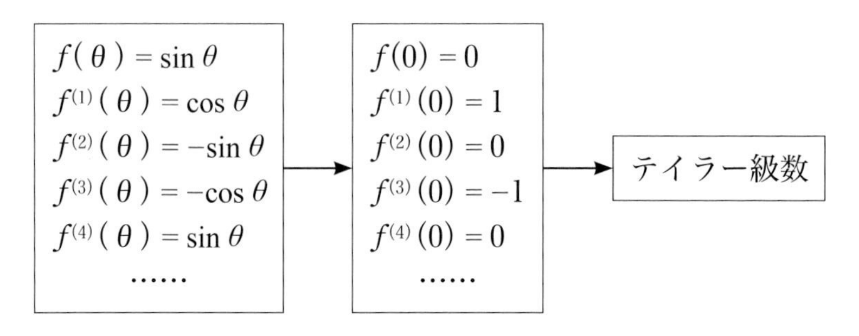

ところで、

拙著『微積分学の大革命』2000年

拙著『抽象化物理学の勧め』2013年

この２冊の中で、文字積分法を使ってテイラーの定理を証明しました。微分と積分の相互関係が理解できます。数学のテイラーの定理は複雑な証明になっていますが、筆者の証明はA5判で３ページほどです。高校生の数学の範囲です。

☆二階微分方程式とその解です。テイラーの法則は使いません。

$$\frac{d^2}{d\theta^2}f(\theta) = \lambda^2 f(\theta)$$

$$f(\theta) = c_0\{1+\frac{(\lambda\theta)^2}{2!}+\cdots\}+c_1\{(\lambda\theta)+\frac{(\lambda\theta)^3}{3!}+\cdots\}$$

おわりに

§A　数学と物理学の意識の差

数学と物理学を学ぶ意識にはどこか差があると思えるようになったのは数式への対応でした。例としてオイラーの公式があります。

数学は、頭脳の中で考察して良いのです。

この式は間違っていない。これでいいのだ！

e^x で x に ix を代入すると e^{ix} となり……

しかし、物理学と電気工学では数式は現実味を帯びています。

自然現象の立場で証明してほしい！

では、どのような証明方法があるのか？　と言えば、コンピューターで数値計算をして証明するくらいしか思いつきません。我慢するしかありませんでした。

【突破口】

しかし、ある時、数値計算で使う刻み幅0.001のような数値ではなく文字を使えば、公式として納得できる推論ができると予想しました。文字積分（仮称）です。1975年から2015年までの間に、どの本にも記載はありませんでした。段階を追って考察を進めました。それぞれに成果がありました。

第1段階

等加速度運動の文字積分 → テイラーの定理の証明へ

第2段階

等速円運動の文字積分 → オイラーの公式証明へ

§B　円を描く三角関数は二階微分方程式から導き出せました

2000年に次の二階微分方程式の解を発見しました。

$$\frac{d^2}{d\theta^2}f(\theta)=\lambda^2 f(\theta)$$

二階微分方程式で『文字積分法』を使いました

$$f(\theta)=c_0\{1+\frac{(\lambda\theta)^2}{2!}+\frac{(\lambda\theta)^4}{4!}+\cdots\}$$
$$+c_1\{\frac{(\lambda\theta)}{1!}+\frac{(\lambda\theta)^3}{3!}+\frac{(\lambda\theta)^5}{5!}+\cdots\}$$

$c_0=1$　$c_1=0$　$\lambda=i$ として

$$f(\theta)=1-\frac{\theta^2}{2!}+\frac{\theta^4}{4!}-\cdots$$

$c_0=0$　$c_1=-i$　$\lambda=i$ として

$$f(\theta)=\theta-\frac{\theta^3}{3!}+\frac{\theta^5}{5!}-\cdots$$

それぞれを x, y とすると点 (x, y) は円を描きます。

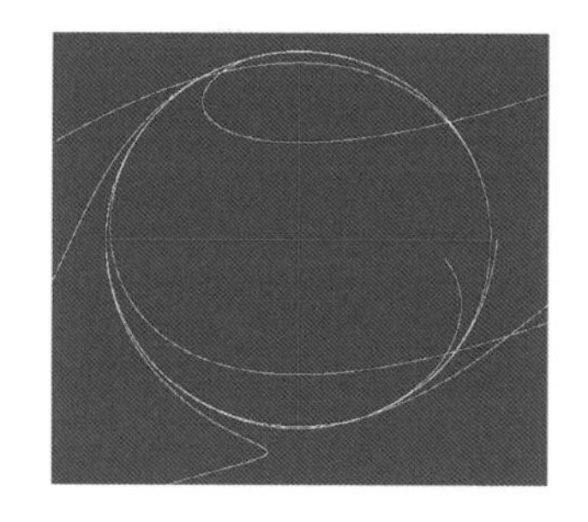

§C　単振動ではない二階微分方程式が円の微分方程式

単振動	この式は何？
$\dfrac{d^2}{dt^2}f(t)=-\omega^2 f(t)$	$\dfrac{d^2}{d\theta^2}f(\theta)=-f(\theta)$

左側は有名な『単振動』の式です。物理学の力学分野で使われます。t は時刻を表し、ω は角振動数を表します。

$$f(t) = \mathrm{A}\cos \omega t+\mathrm{B}\sin \omega t$$

右側の式にはおそらく見たことがない式だと思います。

$t \to \theta$、$\omega = 1$ と単純に変換した式ではありません。

☆「§3-4　連立微分方程式から二階微分方程式へ進む」から

θ–x と θ–y で共通する微分方程式です。

$$\frac{d^2}{d\theta^2}x = -x \qquad \frac{d^2}{d\theta^2}y = -y$$

初期条件をくわえると、「§3-5　連立微分方程式の解法として文字積分法を使う」から、

$x = \cos\theta$　　$y = \sin\theta$　　となります。

【注目】単振動の式から円の式に至るまでに筆者は45年間もかかりました。今思えば、高校生が立ち向かえる課題ではなかったのです。

§D　円の分かりにくさはこれで解決

大学の入試問題には物理学を題材にしているものがありま

す。筆者が悩んだのは『単振動』をはじめとする『三角関数』でした。最終的に次の図を説明できれば、理解できていると判断してよいと思います。

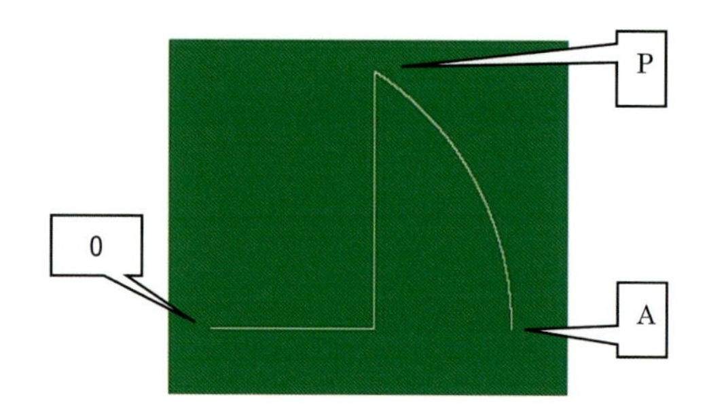

【蛇足例】

☆単位円です。方程式を $x^2+y^2=1$ とすると $xdx+ydy=0$ が成立します。

☆図の中の点に名称を付けます。

☆ A(1, 0) です。上側の点を P(x, y) とします。

☆弧 AP = θ とします。単位はありません。

☆計算で P の座標値が決まります。P(cos θ, sin θ)

☆弧度法で∠ AOP = θ ［rad］とします。

【円の秘密】宗教の世界でも円を解説することは難しいためか、円を含む僧侶名が多くあります。さて、円を理解しているかどうかを禅問答のように質問するには次の一行で十分と思います。 【問】円の面積公式を解説してください 【答】§2-6　円の厳密な面積公式の求め方

§E　思い込みの怖さ

「§C　単振動ではない二階微分方程式が円の微分方程式」において

$$\boxed{\frac{d^2}{d\theta^2}f(\theta)=-f(\theta)}$$

の式を示しました。この式を提示すると、理系で学んだ大多数の方は「単振動の微分方程式」と思うことでしょう。しかし、変数は t ではなく θ です。すると、関数 $f(\theta)$ は何を表すことになるのでしょうか？

実は、「§3-4　連立微分方程式から二階微分方程式へ進む」から、$f(\theta)$ は x と y 共通の関数で、位置 x と位置 y のことです。

一方、筆者は次の形の微分方程式の解は分かっていました。

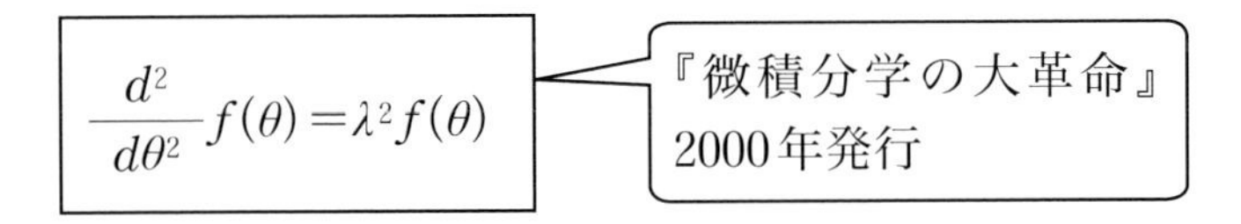

ここで、「三角関数は理解できた」という「思い込み」がありました。「弧度法」を再度見直して、平面座標における $f(\theta)$ の意味を理解したのがその15年後となりました。「油断」とも「思い上がり」とも言えます。

『オイラーの公式は一行で証明できる』2015年発行

付録A
文字積分法でテイラーの定理を証明する

時刻 t での初期値を $f(t),\ f^{(1)}(t),\ f^{(2)}(t),\cdots$ として、時刻 t から時間 τ が経った**時刻 t+τ における f(t+τ) の値**は次式になります。

$$f(t+\tau)=f(t)+f^{(1)}(t)\frac{\tau}{1!}+f^{(2)}(t)\frac{\tau^2}{2!}+f^{(3)}(t)\frac{\tau^3}{3!}+f^{(4)}(t)\frac{\tau^4}{4!}+\cdots$$

☆今まで、テイラー展開のどこに問題があったのかを明示します。

【数学におけるテイラー展開】

テイラー展開は数学の曲線で成立する定理でした。この定理が自然界でも成立すると主張するのは論理の飛躍です。しかし、他の証明方法はありませんでした。

【物理学におけるテイラー展開】

速度や加速度は微分で求めることができます。逆に微分方程式を解くことで位置を求めることができます。多くの練習問題を解く必要がなくなります。

【文字積分法による証明の長所】

この形式のテイラーの定理の長所は使いやすいことです。t と τ とを他の文字に置き換えることで、各種の公式を容易に導くことができます。そして数学的な厳密さを追求しないですむならば、大学生の負担を削減できます。

時刻	関数			
t	$f(t)$	$f^{(1)}(t)$	$f^{(2)}(t)$	$f^{(3)}(t)$
$t+\varepsilon$	$f(t)$ $+f^{(1)}(t)\varepsilon$	$f^{(1)}(t)$ $+f^{(2)}(t)\varepsilon$	$f^{(2)}(t)$ $+f^{(3)}(t)\varepsilon$	$f^{(3)}(t)$ $+f^{(4)}(t)\varepsilon$
$t+2\varepsilon$	$f(t)$ $+f^{(1)}(t)(2\varepsilon)$ $+f^{(2)}(t)(\varepsilon^2)$	$f^{(1)}(t)$ $+f^{(2)}(t)(2\varepsilon)$ $+f^{(3)}(t)(\varepsilon^2)$	$f^{(2)}(t)$ $+f^{(3)}(t)(2\varepsilon)$ $+f^{(4)}(t)(\varepsilon^2)$	$f^{(3)}(t)$ $+f^{(4)}(t)(2\varepsilon)$ $+f^{(5)}(t)(\varepsilon^2)$
$t+3\varepsilon$	$f(t)$ $+f^{(1)}(t)(3\varepsilon)$ $+f^{(2)}(t)(3\varepsilon^2)$ $+f^{(3)}(t)(\varepsilon^3)$	$f^{(1)}(t)$ $+f^{(2)}(t)(3\varepsilon)$ $+f^{(3)}(t)(3\varepsilon^2)$ $+f^{(4)}(t)(\varepsilon^3)$	$f^{(2)}(t)$ $+f^{(3)}(t)(3\varepsilon)$ $+f^{(4)}(t)(3\varepsilon^2)$ $+f^{(5)}(t)(\varepsilon^3)$	$f^{(3)}(t)$ $+f^{(4)}(t)(3\varepsilon)$ $+f^{(5)}(t)(3\varepsilon^2)$ $+f^{(6)}(t)(\varepsilon^3)$
$t+n\varepsilon$	$f(t)$ $+f^{(1)}(t)(n\varepsilon)$ $+\cdots$			

したがって $t+n\varepsilon$ つまり $t+\tau$ の時には $f(t+n\varepsilon)$ の形が明らかになります。

$$f(t+n\varepsilon)=f(t)+f^{(1)}(t)({}_nC_1\varepsilon)+f^{(2)}(t)({}_nC_2\varepsilon^2)+f^{(3)}(t)({}_nC_3\varepsilon^3)+\cdots$$

ここで $n\varepsilon=\tau$ として $n\to\infty$ を考えると、

$${}_nC_k\varepsilon^k\to\frac{\tau^k}{k!}\,(n\to\infty)$$

となります。したがって次式が成り立ちます。

$$f(t+\tau) = f(t)+f^{(1)}(t)\frac{\tau}{1!}+f^{(2)}(t)\frac{\tau^2}{2!}+f^{(3)}(t)\frac{\tau^3}{3!}+\cdots+f^{(n)}(t)\frac{\tau^n}{n!}+\cdots$$

【追記】ここでは、分かりやすくするために、変数 t や τ を時刻としましたが、θ や φ とし、関数 $f(\theta+\varphi)$ を別な意味にしても使えます。

他の物理現象ではどういうものがあるかを探してみてください。

付録B
コンピューター・プログラムの紹介

☆コンピューター・プログラム学習

2019年になり、小中学生にコンピューターのプログラムを作成する学習をさせようという気運になってきました。筆者が高校生だった1960年代に「数式に従って、コンピューターでグラフを描いてみたい」という気持ちを抱きました。その後日本語でプログラムが可能な「Mind」というソフトウエアが現れ、世界中に普及するかと思われました。しかし、当時の日本政府はUSAに将来発展の道を譲り、日本語プログラム言語は消滅させられました。その後、世界中でコンピューターを動かす言語は英語になりました。

日本は巨利を得る機会を失ったと考えています。

「世界中に普及するコンピューター言語」の必要性は、漢字やローマ字が使えるからです。物理学に必要な $\alpha\beta$……$\theta\varphi$……などを本の数式のままプログラムできるからです。また、漢字も使えますから漢字圏の国々にも世界発展の機会ができたと考えています。

さて、以下のページのように文字の一部を日本語にしてもプログラムは正常に動きます。

少し読みやすくなったと思いますが、いかがでしょうか？

このプログラムはVisual Studio 2017の中のVisual BASICで作成しました。

m(_ _)m　簡単な作図ではありませんから、プログラム・コードを公開します。
「学校での教材開発」や「AO 入試での特技開発用」としてお使いください。

プログラムのスタート画面

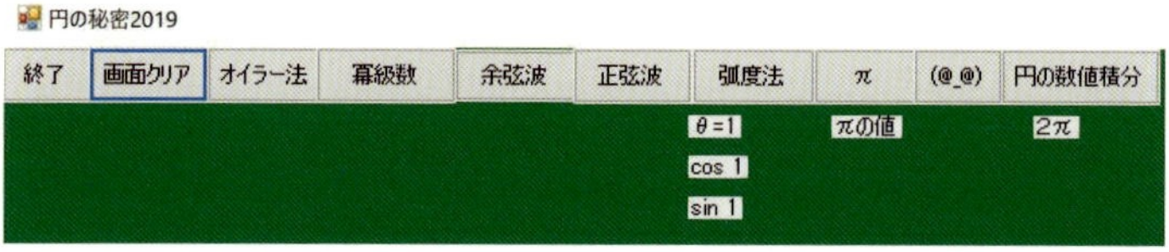

円の秘密2019

終了 | 画面クリア | オイラー法 | 冪級数 | 余弦波 | 正弦波 | 弧度法 | π | (@_@) | 円の数値積分

θ=1 | πの値 | 2π

cos 1

sin 1

```
Public Class Form1
    ' どのプロシージャでも hc,vc は変更可能です。
    Dim hc As Long = 100
    Dim vc As Long = 300
    Private Sub Form1_Load(sender As Object, e As EventArgs) Handles
    MyBase.Load
            Me.Text = " 円の秘密 2019"
    End Sub

                    ボタン 1 のプロシージャ
                    ......................................
                    ボタン 10 のプロシージャ

                    他のプロシージャ

End Class
```

```
Private Sub Button1_Click(sender As Object, e As EventArgs) Handles
Button1.Click
        End
End Sub
```

```
Private Sub Button2_Click(sender As Object, e As EventArgs) Handles
Button2.Click
        my 消去 ()
End Sub
```

```
Private Sub Button3_Click(sender As Object, e As EventArgs) Handles
Button3.Click
        座標枠 ()
        my 線描 (0.0, 0.0, 630.0, 0.0, Color.White)
        my 線描 (0.0, -200.0, 0.0, 200.0, Color.White)
        オイラー ()
End Sub
```

```
' 冪級数
Private Sub Button4_Click(sender As Object, e As EventArgs) Handles
Button4.Click
        my 線描 (0.0, 0.0, 630.0, 0.0, Color.White)
        my 線描 (0.0, -200.0, 0.0, 200.0, Color.White)
        冪級数 ()
End Sub
```

```
' 二階微分方程式の解
Private Sub Button5_Click(sender As Object, e As EventArgs)
HandlesButton5.Click
        my 線描 (0.0, 0.0, 6.3 * 100.0, 0.0, Color.White)
        my 線描 (0.0, -200.0, 0.0, 200.0, Color.White)
        my 文字 ("O", 0.0, 0.0, Color.White)
        冪余弦波 ()
End Sub
```

```
Private Sub Button6_Click(sender As Object, e As EventArgs) Handles
Button6.Click
        my 線描 (0.0, 0.0, 6.3 * 100.0, 0.0, Color.White)
        my 線描 (0.0, -200.0, 0.0, 200.0, Color.White)
        my 文字 ("O", 0.0, 0.0, Color.White)
        冪正弦波 ()
End Sub
```

```
'1rad の位置
Private Sub Button7_Click(sender As Object, e As EventArgs) Handles
Button7.Click
        弧度法 ()
End Sub
```

```
' 円周率の計算
Private Sub Button8_Click(sender As Object, e As EventArgs) Handles
Button8.Click
        π計算 ()
End Sub
```

```
Private Sub Button9_Click(sender As Object, e As EventArgs) Handles
Button9.Click
        顔 ()
End Sub
```

```
' 円の数値積分
Private Sub Button10_Click(sender As Object, e As EventArgs) Handles
Button10.Click
        円周計算 ()
End Sub
```

```
' 画面を緑色でクリアし、黒板に似せます。
Private Sub my 消去 ()
        Dim g As Graphics = Me.CreateGraphics()
        g.Clear(Me.BackColor.Green)
End Sub
```

```
' 座標
Private Sub 座標枠 ()
        Dim k As Long
        For k = 0 To 600 Step 100
            my 線描 (k, -100.0, k, 100.0, Color.Gray)
        Next k
        my 線描 (0.0, 0.0, 630.0, 0.0, Color.White)
        my 線描 (0.0, -130.0, 0.0, 130.0, Color.White)
End Sub
```

```
' 数学座標 (ix,iy) をコンピューター座標 [i,j] に変換
Private Sub e 変換 (ByVal ix As Long, ByVal iy As Long, ByRef i As Long,
ByRef j As Long)
        i = hc + ix
        j = vc - iy
End Sub
```

```
' 数学座標 (x,y) をコンピューター座標 [i,j] に変換
Private Sub e 変換 (ByVal x As Double, ByVal y As Double, ByRef i As Long,
ByRef j As Long)
        i = hc + x
        j = vc - y
End Sub
```

```
'コンピューター座標 [i,j] で点描
Private Sub my 点描 (ByVal i As Long, ByVal j As Long, ByVal myColor As
Color)
        Dim g As Graphics = Me.CreateGraphics()
        Dim myBlush As New SolidBrush(myColor)
        g.FillRectangle(myBlush, i, j, 1, 1)
End Sub
'数学座標 (x,y) で点描
Private Sub my 点描 (ByVal x As Double, ByVal y As Double, ByVal myColor
As Color)
        Dim i, j As Long
        Dim g As Graphics = Me.CreateGraphics()
        Dim myBlush As New SolidBrush(myColor)
        e 変換 (x, y, i, j)
        g.FillRectangle(myBlush, i, j, 1, 1)
End Sub
```

```
'コンピューター座標 [i,j][i2,j2] を入力して線を描く
Private Sub my 線描 (ByVal i As Long, ByVal j As Long, ByVal i2 As Long,
ByVal j2 As Long, ByVal myColor As Color)
        Dim g As Graphics = Me.CreateGraphics()
        Dim myPen As New Pen(myColor, 1)
        g.DrawLine(myPen, i, j, i2, j2)
End Sub
'数学座標 (x,y) と (x2,y2) を入力して線を描く
Private Sub my 線描 (ByVal x As Double, ByVal y As Double, ByVal x2 As
Double, ByVal y2 As Double, ByVal myColor As Color)
        Dim i, j, i2, j2 As Long
        Dim g As Graphics = Me.CreateGraphics()
        Dim myPen As New Pen(myColor, 1)
        e 変換 (x, y, i, j)
        e 変換 (x2, y2, i2, j2)
        g.DrawLine(myPen, i, j, i2, j2)
End Sub
```

```
Private Sub my 文字 (ByVal myStr As String, ByVal po As Integer,
ByVal i As Long, ByVal j As Long, ByVal myColor As Color)
        Dim g As Graphics = Me.CreateGraphics()
        Dim myFont As New Font("century", po, FontStyle.Bold)
        Dim myBrush As New SolidBrush(myColor)
        g.DrawString(myStr, myFont, myBrush, i, j)
    End Sub

Private Sub my 文字 (ByVal my 文章 As String, ByVal ix As Long,
ByVal iy As Long, ByVal myColor As Color)
        Dim i, j As Long
        e 変換 (ix, iy, i, j)
        my 文字 (my 文章 , 12, i, j, myColor)
End Sub
```

```
' オイラー法で連立微分方程式の解を求め、図示しました。
Private Sub オイラー ()
        Dim x, y, dx, dy, s, q As Double
        x = 1.0 : y = 0.0
        s = 0.0 : q = 0.0001
        Do
            my 点描 (s * 100.0, x * 100.0, Color.White)
            my 点描 (s * 100.0, y * 100.0, Color.White)
            dx = -q * y : dy = q * x
            x = x + dx : y = y + dy
            s = s + q
        Loop Until s > 6.3
        my 文字 ("O", 0, 0, Color.White)
        my 文字 ("1", 0, 100, Color.White)
        my 文字 (" 白色オイラー法 ", 200, 150, Color.White)
End Sub
```

```
Private Sub 冪級数 ()
        Dim x, y, s, q As Double
        s = 0.0
        Do
            x = 余弦波 (3, s)
            y = 正弦波 (3, s)
            If Math.Abs(x) <= 2.0 Then
                my 点描 (s * 100.0, x * 100.0, Color.Yellow)
            End If
            If Math.Abs(y) <= 2.0 Then
                my 点描 (s * 100.0, y * 100.0, Color.Yellow)
            End If
            s = s + 0.001
        Loop Until s > 6.3
        my 文字 (" 黄色：冪ﾍﾞｷ級数 ", 200, -150, Color.White)
End Sub
```

```
'cos θ 2階微分方程式の基本関数
Private Function 余弦波 (ByVal n As Long, ByVal t As Double) As Double
        Dim s, e As Double
        Dim k As Long
        s = 1
        e = 1
        For k = 1 To 2 * n - 1 Step 2
            e = -e * t * t / k / (k + 1)
            s = s + e
        Next k
        Return s
End Function
'sin θ 2階微分方程式の基本関数
Private Function 正弦波 (ByVal n As Long, ByVal t As Double) As Double
        Dim s, e As Double
        Dim k As Long
        s = t
        e = t
        For k = 2 To 2 * n Step 2
            e = -e * t * t / k / (k + 1)
            s = s + e
        Next k
        Return s
End Function
```

```
'高次になるほど sin θに近くなることを確かめられます。
Private Sub 冪正弦波 ()
        Dim k As Long
        Dim x, y, dx, dy, s As Double
        For k = 1 To 5
            s = 0.0
            Do
                x = 正弦波 (k, s)
                If Math.Abs(x) <= 2.0 Then
                    my 点描 (s * 100.0, x * 100.0, Color.White)
                End If
                s = s + 0.001
            Loop Until s > 6.3
        Next k
End Sub
'高次になるほど cos θに近くなることを確かめられます。
Private Sub 冪余弦波 ()
        Dim k As Long
        Dim x, y, dx, dy, s As Double
        For k = 1 To 5
            s = 0.0
            Do
                x = 余弦波 (k, s)
                If Math.Abs(x) <= 2.0 Then
                    my 点描 (s * 100.0, x * 100.0, Color.White)
                End If
                s = s + 0.001
            Loop Until s > 6.3
        Next k
End Sub
```

```
Private Sub 微分方程式 ()
        Dim x, dx, fx, gx, hx As Double
        fx = 1.0 : gx = 0.0 : hx = -fx
        dx = 0.0001 : x = 0.0
        Do
            my 点描 (x * 100.0, fx * 100.0, Color.White)
            fx = fx + gx * dx : gx = gx + hx * dx : hx = -fx
            x = x + dx
        Loop Until x > 3.2
        my 文字 ("O", 0, 0, Color.White)
        my 文字 ("1", 0, 100, Color.White)
        my 文字 (" 白 : オイラー法 ", 100, 100, Color.White)
End Sub

Private Sub 冪関数 ()
        Dim x, y, As Double
        Dim k As long
        x = 0.0
        k = 0
        Do
            y = 余弦波 (2, x)
            If k = 100 Then
                my 点描 (x * 100.0, y * 100.0, Color.Yellow)
                k = 0
            End If
            k = k + 1
            x = x + 0.00001
        Loop Until x > 3.2
        my 文字 (" 黄 : 冪関数表示 ", 100, -100, Color.White)
End Sub
```

【注意】この２つのプロシージャは実行プログラムではなく、試験用のプログラムです。

```
' πを単位円の面積から計算しました。
Private Sub π計算 ()
        Dim x, y, dx, S As Double
        Dim k As Long
        my文字 ("1", 12, 100, 170, Color.White)
        my文字 ("O", 12, 100, 300, Color.White)
        dx = 0.0000000001
        x = 0.0
        k = 0
        S = 0.0
        Do
            If x > (1.0 - dx * 0.5) Then Exit Do
            y = Math.Sqrt(1 - x * x)
            If k = 10000000 Then
              my点描 (x * 100.0, y * 100.0, Color.White)
              k = 0
            End If
            S = S + y * dx
            x = x + dx
            k = k + 1
        Loop
        Label1.Text = Format(S * 4.0, "#.##########")
End Sub
```

```
'弧度法での P(cos1,sin1) を計算しました。
Private Sub 弧度法 ()
        my 線描 (0.0, 0.0, 200.0, 0.0, Color.White)
        my 線描 (0.0, 0.0, 0.0, 220.0, Color.White)
        my 文字 ("O", 0, 0, Color.White)
        my 文字 ("B(0,1)", 0, 210, Color.White)
        my 文字 ("A(1,0)", 200, 0, Color.White)
        Dim x, y, dx, dy, s, q As Double
        Dim k As Long
        x = 1.0 : y = 0.00000
        s = 0.0 : q = 0.000000001
        k = 0
        Do
            If k = 10000 Then
              my 点描 (x * 200.0, y * 200.0, Color.White)
              k = 0
            End If

            dx = -q * y : dy = q * x
            x = x + dx : y = y + dy
            k = k + 1
            s = s + q
        Loop Until s > 1.0

        my 線描 (x * 200.0, y * 200.0, x * 200.0, 0.0, Color.White)
        my 文字 ("P(cos1,sin1)", x * 230.0, y * 200.0, Color.White)

        Label2.Text = Format(s, "#.#########")
        Label3.Text = Format(x, "#.#########")
        Label4.Text = Format(y, "#.#########")
End Sub
```

```
'数式の中にも個性があります。集めると顔になりました。
Private Sub 顔 ()
        hc = 300
        my 文字 (" Θ ", -55, -20, Color.White)
        my 文字 (" Θ ", 35, -20, Color.White)
        Dim x, y, t As Double
        Dim k As Long

        For k = 2 To 11 Step 3
            t = 0.0
            Do
                x = 余弦波 (k, t)
                y = 正弦波 (k, t)
                my 点描 (x * 100.0, y * 100.0, Color.White)
                t = t + 0.0001
            Loop Until t > 2.0 * Math.PI
        Next k
End Sub
```

```
Private Sub 円周計算 ()
        hc = 300 : vc = 300
        my 文字 ("O", 0.0, 0.0, Color.White)
        my 文字 ("1", 100.0, 0, Color.White)
        my 文字 ("1", 0.0, 120.0, Color.White)

        my 線描 (-110.0, 0.0, 110.0, 0.0, Color.Gray)
        my 線描 (0.0, -110.0, 0.0, 110.0, Color.Gray)

        Dim x, y, dx, dy, s, q As Double
        Dim k As Long
        x = 1.0 : y = 0.0
        s = 0.0 : q = 0.000000001
        k = 1
        Do
            If k = 10000000 Then
                my 点描 (x * 100.0, y * 100.0, Color.White)
                k = 0
            End If
            dx = -q * y : dy = q * x
            x = x + dx : y = y + dy
            k = k + 1
            s = s + q
        Loop Until x > 1.0
        Label5.Text = Format(s, "#.##########")
End Sub
```

深井　文宣（ふかい　ふみのぶ）

1948年３月　茨城県日立市生まれ
1963年３月　茨城県日立市立駒王中学校卒業
1966年３月　茨城県立水戸第一高等学校卒業
1971年３月　茨城大学理学部物理学科卒業
同　年４月　茨城県立高等学校教諭
1998年３月　同　退職
同　年６月　有限会社均整クリニックを設立し取締役となる
2019年10月　現在に至る

【主な著書】
2000年『微積分学の大革命』
2009年『能力低下は打撲でおこる』
2011年『理系教科書補助教材』
2013年『抽象化物理学の勧め』
2015年『オイラーの公式は一行で証明できる』
2019年『ここまで治せる整体術　知らないあなたは損をする』

このほかに電子本Amazon Kindleとして
『キルヒホッフの法則と実験』
『三角関数』
『もう困らない中学高校の連立一次方程式の解法』

丸で歯が立たない円の秘密

2019年10月25日　初版第１刷発行

著　者　深井文宣
発行者　中田典昭
発行所　東京図書出版
発売元　株式会社 リフレ出版
〒113-0021　東京都文京区本駒込 3-10-4
電話 (03)3823-9171　FAX 0120-41-8080
印　刷　株式会社 ブレイン

ISBN978-4-86641-272-6 C0041
Printed in Japan 2019
落丁・乱丁はお取替えいたします。

ご意見、ご感想をお寄せ下さい。

［宛先］〒113-0021　東京都文京区本駒込 3-10-4
東京図書出版